水电站设备维修技术创新发展路径探索

——基于国能大渡河检修安装有限公司“十四五”科技规划

钱　冰　冯治国　冉垠康
蔡银辉　李晓飞　张　羽　◎编著
丁　强　杨　桃　佘　斌
李　帅　沈洪涛

西南交通大学出版社
·成　都·

图书在版编目（CIP）数据

水电站设备维修技术创新发展路径探索：基于国能大渡河检修安装有限公司"十四五"科技规划 / 钱冰等编著. —成都：西南交通大学出版社，2022.6
ISBN 978-7-5643-8730-3

Ⅰ. ①水… Ⅱ. ①钱… Ⅲ. ①水力发电站－机电设备－维修 Ⅳ. ①TV734

中国版本图书馆 CIP 数据核字（2022）第 103031 号

Shuidianzhan Shebei Weixiu Jishu Chuangxin Fazhan Lujing Tansuo

水电站设备维修技术创新发展路径探索

——基于国能大渡河检修安装有限公司"十四五"科技规划

钱 冰 冯治国 冉垠康 蔡银辉 李晓飞 等编著

责任编辑 / 李芳芳
封面设计 / 吴 兵

西南交通大学出版社出版发行
（四川省成都市金牛区二环路北一段 111 号西南交通大学创新大厦 21 楼 610031）
发行部电话：028-87600564 028-87600533
网址：http://www.xnjdcbs.com
印刷：四川煤田地质制图印刷厂

成品尺寸 170 mm × 230 mm
印张 11 字数 146 千
版次 2022 年 6 月第 1 版 印次 2022 年 6 月第 1 次

书号 ISBN 978-7-5643-8730-3
定价 58.00 元

前言 PREFACE

为深入贯彻落实党的十九大精神，全面推进“幸福大渡河、智慧大渡河”建设，全面深化科技创新，打造“中国领先的水电专业服务和解决方案提供商”，以科技创新、技术进步推动电力生产安全化、智能化，发挥科技对企业发展的支撑和引领作用，国能大渡河集团公司贯彻“创新是引领发展的第一动力”的理念，以“一个目标、三型五化、七个一流”总体发展战略为指导，大力推动“创新型”“智慧化”企业建设，坚持“自主创新、重点跨越、支撑发展、引领未来”的总体思路，按照“统一规划、分步实施”的原则，以流域电站集群检修为契机，以“实时掌握状态、预测预警风险、精确定位故障、自动生成方案、智能学习检修过程”为导向，以实现“打造幸福大渡河、智慧大渡河，建设国际一流水电企业”为目标，努力提升自身滚动发展能力、创新驱动活力、市场竞争力、效益增长潜力以及发展保障动力，从而达到更高质量和实现更好的效益，并以提高企业科技创新能力、经济效益和管理水平为目的，积极完善科技创新体系，大力推进自主创新、集成创新和新技术的应用，培养科技人才，切实依靠科技创新和技术进步解决公司安全生产和设备检修中的重大技术问题，致力于成为中国领先的水电专业服务和解决方案提供商。

国能大渡河检修安装有限公司组织专家和相应的技术人员进行了广泛的调研，编制了“十四五”科技规划。现场调研了大渡河公司的龚嘴、铜街子、瀑布沟、大岗山等电站及乐山沙湾的国能大渡河检修安装有限公司总部，收集了检修公司及七厂九站电站的相关资料；组织技术人员到东方电气集团东方电机有限公司进行现场调研，主要了解水电站智能运维中心的建设和运行；组织技术人员到中国人民解放军第五七一九工厂进行现场调研，结合航空发动机维修理论，对增材制造和运维方面的研究进行了解；参考挪威海上风电机组运行、维护技术及经验，有针对性地提出国能大渡河检修安装有限公司水电站智慧检修的工作思路。同时，检索了大量有关智慧检修的国内外文献以及相关专利，其中国能大渡河检修安装有限公司在这一领域发表了大量的科技论文及专利，进而汇集相关文献和资料汇编了本书。在此，向引用文献的原作者一并致谢，您的成果汇编于此，对于国能大渡河检修安装有限公司智慧检修事业的发展以及引领整个水电企业向智慧检修方向的发展，提供了非常重要的支撑！

作　者

2021 年 12 月

目录 CONTENTS

第 1 章　水电站设备维修技术创新发展基本情况

1.1　国能大渡河检修安装有限公司基本情况

大渡河是长江上游的二级支流，岷江的最大支流，发源于青海省果洛山东南麓，分东、西两源，东源为足木足河，西源为绰斯甲河，以东源为主源。大渡河干流河道全长 1 062 km，天然落差 4 175 m；四川省内长 852 km，天然落差 2 788 m。流域面积 77 400 平方千米（不含青衣江支流），年径流量 488 亿 m^3，其中四川省内 70 821 平方千米，占全流域面积的 91.5%。大渡河水电基地在国家规划的十三大水能基地中排名第五。根据《大渡河干流水电规划调整报告》(2003 年 7 月）可知，大渡河干流规划河段（下尔呷—铜街子）总装机容量为 2 340 万 kW，年发电量 1 123.6 亿 kW · h。报告明确河段开发任务是以发电为主，兼顾防洪和航运，推荐以下尔呷、双江口水电站、猴子岩、长河坝、大岗山、瀑布沟等形成主要梯级格局的 3 库 22 级开发方案（见图 1-1)。

干流梯级电站自上而下依次为：下尔呷水电站、巴拉水电站、达维水电站、卜寺沟水电站、双江口水电站、金川水电站、巴底水电站、丹巴水电站、猴子岩水电站、长河坝水电站、黄金坪水电站、泸定水电站、硬梁包水电站（引水式）、大岗山水电站、龙头石水电站、老鹰岩水电站、瀑布沟水电站、大渡河深溪沟水电站、枕头坝水电站、沙坪水电站、龚嘴水电站（低）和铜街子水电站。下尔呷水库为规划河段的“龙头”水库，双江口水库为上游控制性水库，瀑布沟水库为下游控制性水库。

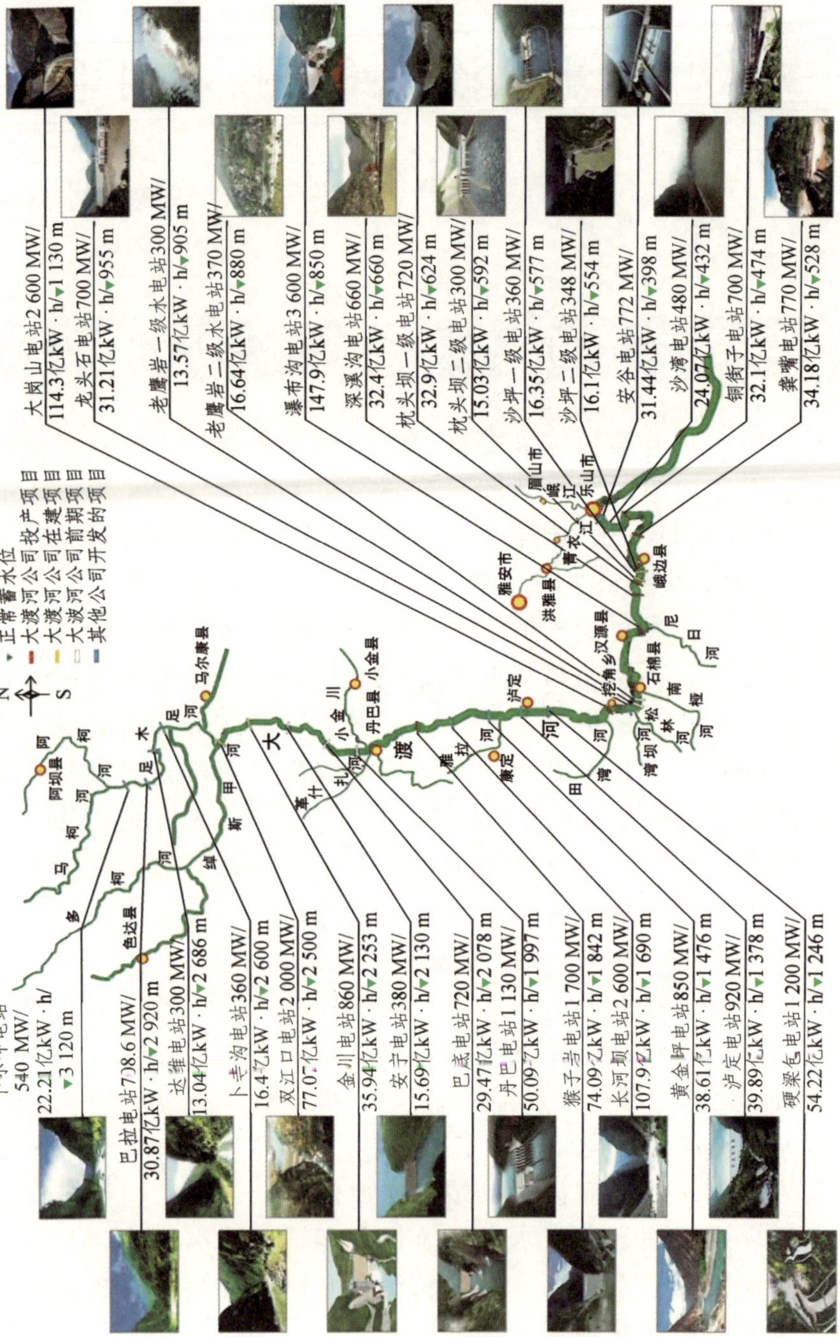
▼ 正常蓄水位
大渡河公司投产项目
大渡河公司在建项目
大渡河公司前期项目
其他公司开发的项目
N
S
下尔呷电站
540 MW/
22.21亿kW · h/
▼3 120 m
巴拉电站708.6 MW/
30.87亿kW · h/▼2 920 m
达维电站300 MW/
13.04亿kW · h/▼2 686 m
卜寺沟电站360 MW/
16.4亿kW · h/▼2 600 m
双江口电站2 000 MW/
77.07亿kW · h/▼2 500 m
金川电站860 MW/
35.94亿kW · h/▼2 253 m
安宁电站380 MW/
15.69亿kW · h/▼2 130 m
巴底电站720 MW/
29.47亿kW · h/▼2 078 m
丹巴电站1 130 MW/
50.09亿kW · h/▼1 997 m
猴子岩电站1 700 MW/
74.09亿kW · h/▼1 842 m
长河坝电站2 600 MW/
107.9亿kW · h/▼1 690 m
黄金坪电站850 MW/
38.61亿kW · h/▼1 476 m
泸定电站920 MW/
39.89亿kW · h/▼1 378 m
硬梁包电站1 200 MW/
54.22亿kW · h/▼1 246 m
大岗山电站2 600 MW/
114.3亿kW · h/▼1 130 m
龙头石电站700 MW/
31.21亿kW · h/▼955 m
老鹰岩一级水电站300 MW/
13.57亿kW · h/▼905 m
老鹰岩二级水电站370 MW/
16.64亿kW · h/▼880 m
瀑布沟电站3 600 MW/
147.9亿kW · h/▼850 m
深溪沟电站660 MW/
32.4亿kW · h/▼660 m
枕头坝一级电站720 MW/
32.9亿kW · h/▼624 m
枕头坝二级电站300 MW/
15.03亿kW · h/▼592 m
沙坪一级电站360 MW/
16.35亿kW · h/▼577 m
沙坪二级电站348 MW/
16.1亿kW · h/▼554 m
安谷电站772 MW/
31.44亿kW · h/▼398 m
沙湾电站480 MW/
24.07亿kW · h/▼432 m
铜街子电站700 MW/
32.1亿kW · h/▼474 m
龚嘴电站770 MW/
34.18亿kW · h/▼528 m
阿坝县
马尔康县
色达县
小金县
丹巴县
康定
泸定
石棉县
汉源县
雅安市
洪雅县
峨边县
乐山市
眉山市
大渡河
青衣江
岷江

图 1-1 流域规划图

大渡河干流紧邻负荷中心，是四川水电三大江河（金沙江、雅砻江、大渡河）中靠四川负荷中心距离最近的，规划河段所拟梯级电站距成都直线距离均在 200 km 左右，输电距离短，线路建设投资省，线损小，对供电四川或参与西电东送均具有较好的区位优势。

国能大渡河流域水电开发有限公司于 2000 年 11 月 16 日在成都注册成立，注册资金 25.5 亿元，现有员工 1 500 余人。公司目前下辖：国能大渡河公司龚嘴水力发电总厂（1 320 MW），国能大渡河检修安装有限公司，国能大渡河公司瀑布沟水电站（3 600 MW）建设分公司，深溪沟、大岗山、猴子岩、双江口、金川、安宁、巴底、沙坪二级、瀑布沟、枕头坝等水电站建设分公司筹备处。公司的使命就是以大渡河上已建成的龚嘴、铜街子水电站为“母体”，对大渡河干流水电资源实施“流域、梯级、有序、综合”开发，为四川经济发展和西电东送提供保障。

国能大渡河检修安装有限公司是大渡河公司的国有独资公司，于 2011 年 12 月 22 日在四川省成都市高新区注册成立。主要负责大渡河公司已建电站机电设备检修维护、重大技术改造、应急保障以及在建电站生产筹备等工作，承担对外电站安装、检修及技术咨询等服务，是四川省唯一的区域化、专业化水电检修公司。检修公司实行职能化和项目化的管理方式，目前设有 7 个职能部门、8 个生产单位，各项目部按照属地原则负责各电站的机械、电气一次、大坝金结设备检修、维护和重大技术改造。目前在职职工 468 人，其中中高级技术、技能人员占比 36%，党员占比 44.5%。

大渡河流域检修模式为流域专业检修公司成立电站检修项目部，负责电站日常维护及机组检修工作。检修期主要模式是班组制检修和项目制检修，同时在个别电站试点开展智慧检修，“十四五”期间全流域内实现智慧检修模式。

维修主要业务包括：基于设备健康状态评估的金属、绝缘、化学、电测以及计量检定；基于可靠性为中心的设备检修额和设备再制造；维修方案编制、维修技术支持、维修标准编制、设备故障诊断咨询等。

在国能大渡河流域水电开发有限公司全面推进的智慧企业建设工作中，智慧检修是其中较为重要的单元之一。水电机组智慧检修建设主要是建立和完善状态监测分析诊断平台，实现流域多机组运行参数集中监测、分析和诊断。通过特定算法对历时大数据进行挖掘和分析诊断，给出机组运行状态的发展趋势，对可能发生的故障进行早期预警，确定机组故障的具体原因，给出具有针对性的检修策略。实施智慧检修需要三大支持系统，即设备状态诊断评价系统、检修决策系统和生产管理系统。

智慧检修是以“实时监测、动态分析、智能诊断、自主决策”为目标，聚焦设备状态感知和信息融合，实时掌握设备健康状态、预测预警设备风险、精确定位设备故障、自动生成最优检修方案、检修过程人机交互和持续积累设备知识形成检修最佳实践，实现检修管理手段由事后检修、计划检修向精准检修、预测检修演进。智慧检修系统实现对设备的状态监测、数据采集、故障诊断、状态评估、检修决策以及检修管理等内容，系统主要由在线数据采集站、离线数据采集装置、系统主机服务器、数据库服务器、数据分析平台等部分组成。该系统在建成后，可实现从在线或离线装置中获取设备状态监测数据，通过分析和特征提取，评估设备状态，根据设备的健康状态，制定维护和检修策略，打破了传统计划检修模式，提高了电站机组的安全稳定运行和管理能力，降低了检修成本。

目前，智慧检修系统已基本实现的目标如下：

一是统筹考虑数据采集内容和传输通道，建成检修中心统一的数据存储和共享平台。根据各级运行管理人员对于设备信息和管理信息查阅的需求，统一安排变电站和水电机组的数据采集内容和设备，安排数据经由网络传输至主站，消除数据采集重复、通道繁杂、维护困难等问题。同时，在新系统中建设检修中心统一的数据存储模块，在汇聚全部运行设备信息的基础上，按照部门需求实现可定义的数据编组、订阅和分发服务，使得各部门只需与统一的数据平台接口即可获得所需形式和内容的数据，实现统一数据中心职能，为设备状态实时监控、智能分析等应用的开展奠定基础。

二是开发基于数据仓库模式的智能应用工具，对数据之间的关联和隐含信息进行深度挖掘，打造先进的检修中心智能分析平台。利用各专业、各系统数据集中存储的便利条件，以数据中心的方式对同构或异构的数据库进行统一管理，按照自定义的主题抽取多个库中数据，开发诸如设备状态多维度分析和评价功能、专家诊断系统等，全面提升检修中心的运维管理能力。

三是开发检修管理系统，实现检修作业管理工作的智能化和标准化，从而提升检修管理效率和管理水平。检修管理系统按照“互联网 + 智慧检修”的建设思路，构建纵向贯通、横向集成的流域级检修管理平台，重点开发并建成设备检修工作通知、实施、流程审批、作业审批汇报、电子签章的全程电子化操作，实现检修报告电子化生成、检修工作竣工报告电子化生成，以及建立完善的检修设备库、检修知识库、标准作业库和标准业务流程工序卡，并建设基于 Android、苹果 iOS 智能手机的信息管理系统 APP，最终建成一套真正的“电子化、智慧化、可追溯化”的信息管理系统，全面实现公司上下信息渠道的畅通和数据的共享与应用，进一步推进公司检修信息化。

国能大渡河检修安装有限公司按照智慧企业建设的总体要求，以实现“实时监测、动态分析、智能诊断、自主决策”为目标，结合自身实际，不断探索总结、完善智慧检修建设工作，目前已取得了以下成果：

1. 成果一：水电机组故障预警系统的建成投运

水电机组故障预警系统依托于工业数据挖掘平台，将水电机组设备分为定子、转子、导水机构等 19 个设备单元，汇集了水轮发电机组及辅助设备重要指标量，集成了电力生产所需数据信息，具备实时数据的采集、汇聚、存储、共享、分布等功能，可在线分析计算各种特征量和指标量，对机组各个部件的状态进行实时监测、故障分析和精准定位。同时，该系统还具有机组效率特性的三维图分析、机组轴线分析、振动频谱分析等功能，以辅助技术人员分析机组故障。水电机组故障预警系统在通过大渡河枕头坝电站试点建设应用后，目前已完成流域各电站的建设使用。

2. 成果二：健康度评价及趋势预警板块日趋完善

健康度评价及趋势预警板块是通过对历史工况的大数据分析和超球算法计算，实现对机组整体的健康、安全、性能等的在线感知计算和状态预测分析，起到早期预警和预测作用。该板块以工业企业生产设备实时历史数据为基础，创造性地应用超球建模方法，由计算机自动从工业设备的实时测点数据中建立设备运行的状态模型，结合超球建模、状态感知、健康感知、关联分析、预测分析等功能，自动对工业对象合成一个“健康度 HPI”值，实现机组实时健康状况的判断。通过对枕头坝 4 台机组健康度评价及预警系统的实施，并对历史工况进行大数据分析和超球算法计算，成功实现了机组运行工况的大致趋势走向预测。目前这一技术已应用于流域各电站的建设使用。

3. 成果三：智慧检修标准基本形成

检修公司完成了《水轮发电机组智慧检修标准》的编制，并通过了专家审查和肯定。该标准是水电行业的首个水轮发电机组智慧检修标准，涵盖智慧检修管理体系及职责、系统结构及功能、智慧检修评价标准、智慧检修工作流程等板块，详细阐述了智慧检修管理体系及职责、智慧检修建设工作流程及要求，明确了智慧检修系统结构及功能，制定了智慧检修设备实时状态诊断评价系统主要的在线监测量，包含定子、转子变压器等多部位 128 项监测数据量及常见故障。该标准附录中对水轮机、发电机、调速器、主变压器部分共 46 项重要健康指标量进行了详细列表说明，给出了与指标量关联的监测数据量，并针对指标量影响机组健康度的权重确定性地给出了详细科学的功能指标重要性系数评价法，使得有关机组健康度评价的结果更加符合实际情况。

4. 成果四：水电智慧检修管理中心初具规模

在水电机组智慧检修的基础上，协助公司建成了国内首个中国工业设备管理平台，形成了“互联网 +”智慧检修管理中心，实现对工业设备管理的智能化、网络化、安全化、灵活化和专业化管控，智慧检修初具雏形，以物联网模式扎实推进检修管理信息化、市场化和商业化。目前，公司完成了大渡河全流域电站接入，并投入运行。

1.2 国内外相关技术现状及发展趋势分析

我国是水电能源大国，截止到 2019 年，全国水电装机容量达 3.58 亿 kW，其中常规水电达 3.05 亿 kW，抽水蓄能电站达 5 000 万 kW，占电力总装机的 39.5%。截止到 2020 年，全国水电总装机容量达到 4.2 亿 kW，其中常规水电总装机容量达到 3.5 亿 kW，抽水蓄能电站装机容量达到 7 000 万 kW。我国水力发电和抽水蓄能的装机规模和建设速度位列世界第一。

我国水电的开发取得了瞩目的成绩，装备水平也不断迈向新高度。20 世纪 70—90 年代有刘家峡、龙羊峡、岩滩等一批单机容量为30万kW级的大机组投入运行；到21世纪单机容量70万kW的三峡、龙滩、小湾、拉西瓦机组，77万kW的溪洛渡、80万kW的向家坝、85万kW的乌东德水电站机组顺利投产；目前在建的白鹤滩水电站单机容量向100万kW机组迈进，这标志着我国水电机组进入大型或特大型水轮发电机组的时代。但另一方面，大型水轮机及其系统的稳定性问题一直未得到很好的解决，相关基础理论研究远落后于工程发展，运行中大型机组出现振动和稳定性问题的情况屡见不鲜，并呈现出越来越突出的趋势，这成为制约我国大型水电装备技术发展的瓶颈之一。据三峡工程开发总公司技术委员会组织专家对国内约50台大型水轮机组的调研发现，各机组均存在不同程度的振动和稳定性问题，有的甚至引起厂房结构发生强烈的振动，成为电网运行、电厂安全生产的严重隐患。2009年8月17日俄罗斯萨扬—舒申斯克水电站由于水轮机运行失稳诱发机毁人亡惨案的教训是深刻的。因此，大型水力机械及其系统稳定性不仅事关电站自身的安全，也关乎国家电力系统的安全，是国家安全高效开发利用水电能源的重要需求。

1.2.1 国内外水电设备检修及安装的先进技术使用情况

目前，水电站的设备数量和种类在不断增多，在提升发电效率和质量的同时，也容易出现设备故障而影响水电站整体运行安全性和稳定性的问题，甚至还会导致水电站停运，造成运营成本的增加和经济效益的降低。为此，需要定期开展水电站的检修维护工作，在工作中锻炼技术人员专业技能的同时也可以不断积累工作经验，提升检修工作质量和效率，保证水电站整体运行质量、效率以及经济效益的提升。

水电站检修维护、管理存在的问题如下：

1. 临时性检修频繁

为了保证检修质量和检修工作效率，水电站在运行过程中一般由管理部门统一安排设备检修和维修工作。由于一些设备存在的缺陷较多，无法适应管理部门统一安排的检修维修的计划，在尚未到达检修时间就必须进行设备检修才可继续工作，这就导致水电站发电、供电和检修无法按照预定的计划展开。

2. 过度进行检修工作

根据检修计划，运行正常的设备在进行检修的过程中也需要进行不必要的检修工作，这样不仅会降低设备的有效使用时长和设备维修的效率，影响设备正常工作效率，还会增加设备维修成本，且不必要的设备维修检查还有可能造成设备可靠性降低，使供电和检修无法按照预定的计划展开。

3. 检修工作被拖延

在水电站运行的过程中，存在由于各种原因在未到达检修时间设备会出现意外的损坏而需要维修，但受到有关部门制订的统一检修计划的约束，部分情况下会出现故障的设备无法得到及时维修，又因为工作需要不得不带着问题继续工作，这对整体工作造成了负面影响。

4. 设备可靠性相对较差

电力需求的不断增加增大了水电站的工作量。各个发电厂的发电机组为满足生产需要，大幅度延长了设备的运行时间，严重压缩了日常工作中对机电设备的计划检修时长，导致设备的可靠性降低。

5. 检修模式过于落后

现阶段，国内大多数水电站采用传统故障检修、定期检修以及计划检修模式，且在开展检修工作时存在欠缺问题，这既造成大量人力资源的浪费，也无法获得良好的检修效果。近些年来，随着我国科技水平的持续发展，状态检修技术在水电站中得到了十分广泛的应用，对于水电站在运行过程中存在的问题也能够在第一时间内进行有效处理，让水电站设备的检修效率得到进一步的提升。水电站设备的检修过程受检修人员的影响很大。然而在具体检修中，一些检修人员存在检修技术掌握不全面，并且在实际的检修维护过程中，不能全面认识到水工建筑耐久性的意义。在维护的过程中，很多维护人员缺乏工作的责任心，导致他们在具体的维护中，可能违反相应的规范和要求，较大程度降低了建筑结构的耐久性，缩短了建筑的使用寿命。

6. 环境因素

在水工建筑物维护的过程中，其环境和位置具有特殊性，例如，大多是在水资源丰富的偏远地区，在应用的过程中，常年受到水流冲刷。同时，钢筋混凝土结构如果被污水长时间浸泡，容易出现保护层损坏等问题，从而影响到建筑整体结构的稳定性和建筑的耐久性。

随着技术的不断进步，发电设备趋向于精密化、大型化、自动化、集成化等，这给发电站的检修维护工作带来了挑战。检修工作计划的制订对检修维护工作有正面的影响，也有负面的影响。结合技术的发展和检修维护工作制度的进步，监测诊断系统有必要向着网络化方向发展，检修策略通过相互借鉴，可以进行不断完善，这对于水电站检修维护工作具有重要意义。随着我国水工建筑物使用周期越来越长，所处的环境越来越复杂，这导致了我国的发电站检修维护工作难度越来越大。因此，作为相关工作人员，需要不断提高自身的专业技术水平，对现有的更新检修技术进行不断的改进和完善，确保将我国的水电站检修维护工作做得更好，进而促进我国经济建设的可持续发展。

1.2.2　先进技术的应用

1. 云计算

随着相关技术的不断发展和完善，云计算平台越来越显现出其在大规模信息整合中的优势。对于水电企业正在大量开展的集团或流域级状态监测系统集成工作，云平台技术的应用是一个需要重点研究的方向。由于云平台在整个系统集成中的架构和核心地位，必须在设计初期对其进行整体综合考虑，尤其要重视数据存储、接口通信和应用接口的标准化工作，通过建立完备合理的标准体系，实现水电设备状态监测数据的高效管理和应用，最终为智能电厂和智能电网的建设发展提供可靠的信息基础和平台基础。

水电设备现场测试和诊断技术与当代前沿科学是融合发展的。根据现代工程技术系统和大型复杂设备的发展现状，结合国内外测试与诊断技术的发展水平，现场测试、状态监测与故障诊断技术在现代水电工程和复杂设备中具有广泛的应用前景，其发展表现在传感器的精密化、智能化、多维化以及测试和试验分析的智能化、现场离线试验与在线监测、电站信息系统的深度融合上。对水电设备状态监测集成平台而言，为了解决底层采集设备、实时存储数据和多种信息融合的问题，需将云计算技术在资源集成、数据存储和计算分析 3 个方面与状态监测集成平台进行结合和应用。

（1）系统集成与资源共享。由于水电站的运行和管理涉及专业和部门广泛，而各种设备状态监测系统以及电站的业务管理系统大多是根据其具体的应用需求进行设计，因此，这导致不同系统的开发平台、数据库配置、负荷需求和数据通信方式存在较大的差异。并且系统根据构架设计所部署的服务器硬件设备、网络设备和软件也各不相同，彼此之间相互关联度不高，计算、存储和通信的效率也不高。这在单台机组或单个电站运行管理时并不突出，但涉及流域和集团公司对多个电站、多台机组和大量系统平台进行管理时，就会产生硬件设备孤立、资源过度分散的问题，不能充分发挥硬件设备和网络资源的集中优势。云计算通过虚拟化技术，将计算机服务、网络资源和存储设备进行抽象，忽略不同设备和服务之间的差异，构造统一的服务器集群对水电企业不同的业务提供可扩展的资源服务。同时，云计算可以实现资源的动态增减，具有开放性和扩展性，再通过软件技术提高系统集群的协作能力，在硬件设备和负载均衡方面实现高效的管理。

（2）海量数据存储管理。对于水电设备状态监测和管理系统而言，其不仅包括设备状态数据，也包括机组运行和管理数据，数据类型既有结构化数据，也有半结构化数据和非结构化数据。云平台采用分布式数据库，针对不同系统的数据进行归一化和统一处理，在集群设备里进行分布式冗余存储，并进行实时映像和备份工作，保证了数据存储的可靠性。由于其采用了分布式数据库，可按照用户需求进行并行化搜索计算，快速定位数据源，以保证数据查询效率。

（3）实时计算分析。对集团级水电站的综合管理，一方面需要实时开展设备状态监测数据的分析，另一方面需要开展调度、优化运行等高速计算工作，这些工作涉及大量基础数据和相关资料的查询、分析和处理，对整个系统的计算能力也提出了较高的需求。云计算主要利用分布式集群计算方法，将作业任务分解，并分配至多个节点并行执行，不仅提高了数据计算能力和效率，而且能够满足系统分析的实时性。当单一节点任务失效时，对应的计算任务将自动重新分配至其他节点，可保证计算分析的可靠性。比如，当前较为成熟的大数据计算框架——Hadoop,可通过其子项目 MapReduce,将状态监测、分析和诊断的计算任务拆分为子任务，借用云平台中海量基础设施提供的运算能力进行计算，缩短计算时间，高效完成运算任务。

2. 增材制造

增材制造即 3D 打印，诞生于 20 世纪末的美国，是一种以数字模型文件为基础，运用粉末状金属、陶瓷、蜡材或塑料等可黏合材料，通过一种特殊的打印机（3D Printers）逐层堆积制造实物、生产产品的技术。相对于传统机械加工的“减材”（基于削、钻、铣、磨、铸、锻等“减掉材料”的工艺）制造，3D 打印技术是通过材料的分层叠加——“增加材料”而一体成型的制造工艺，因此又称为“增材制造”或“增材制造技术”。

3D 打印的生产过程与第一次、第二次工业革命的传统生产过程在组织形式上完全不同。传统意义的制造往往需要削、钻、铣、磨、铸、锻等多种工具、多个工艺的组合才能完成，而 3D 打印技术只需一台 3D 打印机、一种工艺即可完成整个物件的制造，是一体成型技术。传统的制造生产是一个材料去除的过程，生产中会出现大量的原材料浪费,而这些浪费的材料大多无法再成为产品的一部分，而 3D 打印则是一个添加材料的生产过程，被熔化的材料在计算机的指挥下逐层地被打印出来，生产中不会有任何的材料浪费，可有效节约产品成本。3D 打印无须模具或机械加工即可从计算机图形数据中直接生成任何形状的物体，可以极大地缩短生产周期，提高生产效率。此外，3D 打印精确化、标准化程度高，可实现任何复杂设计与满足任何单个、异形需要的个性化生产，相比之下，传统制造“一定比例的误差”与“产品设计必须依据生产工艺”的局限与劣势更加明显。

针对水电站机组过流部件的形状及精度控制要求，目前增材制造技术也逐步应用于机组各部件的制造和检修维护中。

3. 物联网

物联网“Internet of Things”是新一代信息技术的重要组成部分，也是“信息化”时代的重要发展阶段。物联网通过智能感知、识别技术与普适计算等通信感知技术，广泛应用于网络的融合中，也因此被称为继计算机、互联网之后世界信息产业发展的第三次浪潮。物联网利用局部网络或互联网等通信技术把传感器、控制器、机器、人员和物等通过新的方式联系在一起，形成人与物、物与物相连，实现信息化、远程管理控制和智能化的网络。物联网是互联网的延伸，它包括互联网及互联网上所有的资源，兼容互联网所有的应用，但物联网中所有的元素（所有的设备、资源及通信等）都是个性化和私有化的。

水电站主要由主机、辅机、电气、监控、通信等几大部分构成，这几大部分设备分布在厂房、GIS 楼等各个生产区域中，设备较多，分布较广，虽已分门别类加以管理，但缺乏有效的整体管理，设备及其零部件在安装之后，无法有效建立起单一设备或零部件的“个人档案”。物联网当中的 EPC 标识码可很好地解决这个问题，与条码一样，产品电子码用一串数字代表产品制造商和产品类别，不同的是 EPC 还外加了第三组数字，标识每一件单品，通过编码可达到全球唯一标识。存储在 EPC 标签微型晶片中的唯一资讯就是这些数字。EPC 还可与数据库里的大量数据相联系，包括产品的生产地点和日期、有效日期、应用于何地、何时安装于此、该产品的 KKS 编码、有无维修记录、取自哪个库房等信息。且随着产品的转移或变化，这些数据可以进行实时更新。通过安装在厂房和 GIS 楼的 RFID（射频识别技术）可周期性或实时地对设备进行扫描，可将采集到的信息送往中间处理环节，并通过互联网或内部网络送往中心服务器，从而对厂房内的设备进行刷新，可查询设备及零部件的在位状态及其相关的“个人信息”。

同时，可将该技术应用于电站的库房管理，通过对库房及厂房设备和零部件的 EPC 标签，实现对电站相关设备的有序管理。通过在库房和生产区域门口设置的 EFID 射频识别设备，可对进出库房和生产区域的设备进行记录，并将记录的信息送入库房管理分服务器，实时刷新数据库的状态，自动完成入库和出库的管理，从而大大降低了库房管理的繁杂程度。

互联网技术在水电站中的应用,特别对于流域电站机组的运行、维护、管理、机组检修、设备状态监测、远程管理控制等有明显的优势，故其在流域电站中得到广泛的推广应用。

1.2.3　水下检测技术

水库大坝是调控水资源时空分布、优化水资源配置的重要工程措施，是江河防洪工程体系的重要组成部分，是经济社会发展不可替代的基础设施，是生态环境改善不可分割的保障系统，关系防洪安全、供水安全、粮食安全乃至经济安全、生态安全和国家安全，具有很强的公益性、基础性和战略性。其研究成果直接服务于重大水利工程大坝深水检测与修补加固，以及溃坝突发事件监测预警与应急处置，为进一步健全我国大坝安全保障体系提供科技支撑，全面保障高坝大库安全运行，提升溃坝灾害防控能力，具有极高的科学价值和广阔的推广应用前景，其社会效益、经济效益和生态环境效益极其显著。

通过协同攻关研究，公司研发新装备并取得专利技术和软件著作权，形成相关行业技术标准，并在典型工程中示范应用，突破大坝深水安全保障技术壁垒，攻克非常规条件下大坝溃决早期预警与应急处置技术瓶颈，全面提升水资源领域科技创新水平，极大促进行业科技进步，支撑未来国家水资源安全保障实践。

大坝安全是重大公共安全课题，面对工程老化和极端事件的不利影响，大坝出险甚至溃坝事故仍时有发生。公司为大坝安全运行和应急管理提供先进的技术保障，特别是大坝深水检测修补潜水器与加固平台、大坝深水渗漏探测、深孔泄水建筑物疏堵与闸门修复、大坝突发事件应急监测与隐患快速探测、深水环境大坝缺陷修补、极端条件下大坝应急抢险与损毁快速修复等关键技术均是增强溃坝灾害防控能力的必要保障手段，可最大程度减少溃坝灾害给公共安全、人民生命财产及经济社会发展造成的巨大破坏性，保障公共安全和经济社会可持续发展，其社会效益显著、影响深远。

1. 经济效益

公司为水库大坝应急管理、高坝大库深水检测与修补加固提供先进技术手段，优化协调水库大坝发电、灌溉、供水等综合效益，由此带来的直接经济效益难以估量；形成的可推广的深水渗漏检测技术及设备为水库大坝水下检测提供了新的手段，为高坝大库的深水检测提供了全新的成套解决方案；将先进的水下机器人检测技术运用于水利行业，极大推进了水利智能化、自动化的发展，直接经济效益显著；深水大粒径疏浚与构筑物附着物清理技术与装备对保障高坝大库安全运行和延长使用寿命意义重大，产生的直接经济效益和间接经济效益巨大。与此同时，对水库突发事件的科学应急管理可以有效减少溃坝灾害盲目防范和应对方式粗放所造成的不良影响，显著提升应急管理水平与事故防范效率，大大降低管理与防范成本；研发的大坝突发事件应急监（检）测和应急抢险实用技术与装备，可有效降低溃决风险、减少生命和财产损失、加快灾后重建，具有广阔的推广应用前景，其经济效益巨大。

2. 环境效益

水库大坝是生态环境改善不可分割的保障系统，一旦溃坝将会极大地破坏生态环境。公司解决的大坝深水检测修补技术装备与极端事件大坝溃决监测预警与应急处置技术，均是减少与控制水库大坝特别是高坝大库溃坝灾害、降低溃坝风险的核心和关键技术，其环境效益也是巨大的。

1.2.4　机器人在设备维修中的应用

高压开关柜是电力系统的重要组成部分，随着对供电安全性、可靠性要求的不断提高，高压开关柜的安全故障问题也越来越受到人们的重视。由于高压开关柜的运行空间比较封闭，各部件的绝缘距离比较近，绝缘部件表面污秽、受潮，导体、柜体表面有金属突起等均易导致开关柜发生故障，定期停电检测既不能及时发现故障，又影响了为用户供电的可靠性。因此，迫切需要对开关柜的绝缘老化状态进行实时或定时带电检测。目前开关柜的带电检测技术应用较为成熟的主要有特高频局部放电检测、暂态地电压局部放电检测、超声波局部放电检测、红外热扫描等，这些检测技术有着各自的优点与局限性，针对不同的电力设备采取多种检测技术组合检测的方法，大幅度提高了检测结果的可靠性。

现阶段针对高压开关柜的局部放电检测仍主要以人工检测为主，由于变站中高压开关柜数量众多，对于高压开关柜群的人工检测需要耗费大量时间，且需要多名检测人员参与，检测周期一般为 6 ~ 12 个月。这种检测模式下对开关柜检测的时间间隔太长，无法及时发现开关柜出现的绝缘故障，同时需要消耗大量的人力财力，存在较大的局限性。随着带电检测与智能机器人技术的不断发展，使得对开关柜的绝缘状态进行全自动、全天候的在线监测成为可能。

在线监测系统实现了变电站开关柜的全自动状态在线监测，监测的参数包含局放、温度和电弧。在开关柜群的顶部安装移动轨道，另外再配备一套局部放电检测设备，使局部放电检测设备可在该轨道上滑动，且通过控制系统控制监测设备在轨道上的运动以及在每一个开关柜处的监测时间。目前，该系统在实际运用中，带有特高频传感器的移动机器人每隔 3 分钟移动一次，通过设置移动的距离使其每次能恰好移动到开关柜顶部的指定检测位置，实现全自动智能巡检。同时，该监测系统配备小型化的红外测温以及电弧，各个舱室配备一套。开发完成后，通过局部放电、温度以及电弧等特征参量自动对开关柜的绝缘缺陷与故障、载流故障进行实时监视与诊断。

在硬件本体方面，目前有关水下移动平台、水下轮式全位置智能焊接机器人、深潜机器人等的研究均有较大突破。在水下图像处理算法方面，采用多目立体视觉技术以及多信息融合传感获取水下焊缝图像三维坐标，为机器人跟踪焊缝提供位置信息。在高性能水下机器人焊接电源方面，基于 DSC 的超高频逆变式水下机器人专用 SiC 焊接电源研究应用也已取得了突破，逆变频率可达 200 kHz，适用于水下环境的焊接材料也已取得了长足的进步。

随着总体控制、智能化传感器、综合定位与导航及水下通信等关键技术的发展，水下机器人的智能化发展将得到进一步的提高，可在水下工程担任更加复杂的任务。有关研究认为，未来水下作业机器人的专业化程度将会越来越高，并且未来将是针对某个特殊的需求，配置专用设备，完成特定任务，所以水下特种机器人的种类会越来越多、分工会越来越细化，专业化程度也会越来越高。此外，人机交互控制方面将更加成熟。人与机器人协同作业，共同完成更加复杂的任务，是水下作业机器人技术的发展趋势。除此之外，水下机器人将利用智能传感器的多信息智能融合和配置技术，通过网络建立大范围的通信系统，建立机器人间以及机器人与人之间的通信协作机制，完善人机交互界面，使水下作业机器人更加稳定、实用和可靠。

水下焊接与增材制造是一个多学科综合交叉的工程，涉及工艺的规划、设备的实时控制、传感与检测、信息处理、机器人运动控制等。其中，智能控制技术旨在提高水下作业机器人的自主性，其体系结构相当于人的大脑和神经系统。在水下机器人焊接与增材制造过程中引入人工智能，可从本质上提高水下机器人焊接与增材制造系统处理复杂性、不确定性问题的能力，有良好的发展前景。此外，加入物联网等先进信息技术，可把焊接过程中收集到的数据在云计算平台中进行分析决策，实现水下焊接与增材制造现场与后台控制的互联互通。未来，水下焊接与增材制造机器人的发展目标将是具有感知判断能力以及反馈决策能力的智能焊接机器人。

1.3 水电发展的关键技术与热点问题

1.3.1 空化与磨损一直是水力机械研究的难点和热点问题

我国大部分水质的泥沙含量都远远高于国际河流泥沙含量的平均水平，如黄河中下游多年平均含沙量为 37 kg/m^3，而且石英砂成分含量高，其坚硬的质地对水轮机和水泵叶轮的危害极大，过高的含沙量一直是困扰我国许多电站和泵站发展的问题之一。在冲蚀与空化以及腐蚀的多因素耦合作用下，水轮机和水泵的叶轮等过流部件极易发生快速严重磨损，同时高含沙量的内河和近海水质也是影响我国舰船推进器效率和寿命的主要原因之一。由于空化与泥沙磨损耦合作用导致叶片破坏、机组振动等严重问题，对水轮机、水泵水轮机以及水泵叶轮的危害极大。

水力机械中的空化流动、多相流和泥沙磨损是一项涉及多学科方向的复杂课题，包括流体力学、材料科学、制造技术、摩擦学等学科。目前国内外已进行了较多的水力机械空化空蚀，以及泥沙、纸浆及污水污物输送的多相流方面的研究。流经水力机械过流部件的流态是典型的固-液-汽多相湍流，由此引起了固体颗粒对水力机械过流部件的磨损及水力机械的性能下降、机组的空蚀、振动等一系列问题，因此，开展水力机械过流部件中的固-液-汽多相湍流的研究，不仅是有关水力机械流动理论的发展，也是现代水力机械设计方法的发展。

水电机组单机容量和引用水头的急剧增大，厂房结构相应巨型化和复杂化，机组及其诱发的水电站厂房结构振动问题日益突出，已成为其运行和设计的重要问题。大型水轮机组的出力和转轮直径越来越大，其主轴的转动频率越来越低，水压脉动更易与机组甚至厂房的固有频率发生共振。另外，机组在部分负荷区存在一个特有的不稳定区，大型机组在建设初期的低水位条件下运行或在担任调峰时的过低负荷运行，难免进入该区域而引起振动，使机组出力摆动、叶片出现疲劳破坏的概率增大。振动机理的描述和结构振动响应的数值模拟成为国内外研究的热点和难点问题。截止到 2021 年，全国投产运行的超大型水力发电机组（70 万 kW 以上的机组）达到了 110 台以上。超大型机组的投运为深入开展机组原型动态特性、水轮机空蚀和叶片裂纹、机组振动和稳定性以及非正常运行工况下运行特性和稳定性等专题研究提供了非常好的机遇。

目前国内已建设了二十多座抽水蓄能电站，多个抽水蓄能出现了导叶振动、低水头并网困难，以及严重的厂房噪声和振动问题（如河北的张河湾抽水蓄能电站)。更严重的是，西龙池和惠州抽水蓄能在调试的过程中出现了机组损坏的严重事故。这些问题，应该引起我们对系统和基础研究的充分重视。

由于水资源分布的特点，水电机组远距离联网固有的弱阻尼诱发电网低频振荡危及电网安全的问题，存在于各级别的电网中。诸多大型机组和水电站群加入跨区域的西电东送，这一问题尤为突出。随着风能、太阳能等新能源的发展，利用水电机组快速调节的特点，提高了区域电网对新能源的吸纳能力。从水电机组单机、电站多机、梯级电站站群、区域水电站群等多个层次，探索水电机组运行控制理论和方法是重要的发展方向。

在大型水电站运行区划分的长期科研实践中，提出并发展了考虑机组综合运行参数实测和理论分析计算结合的安全运行区、过渡运行区和禁止运行区的划分原则、理论和方法。综合考虑机组不同运行工况下的振动、摆度、水压力脉动、噪声、动应力、效率、空蚀、磨损等性能的实测数据，以及流动、动力、疲劳、转子动力学、空化和泥沙磨蚀的理论计算数据，使运行区划分既考虑外在性能指标，又考虑机组结构内在的刚强度和疲劳特性，突破水轮发电机组运行区划分粗糙的现状，其研究成果已应用到万家寨、小浪底和水口等大型水电站，提高了水轮发电机组安全高效运行性能。

1.3.2　水力机械振动和稳定机理、振动预测方法和减振降噪的措施

水力机械振动和稳定机理、振动预测方法和减振降噪的措施也是目前国际水力机械专家探索的热点问题。水轮机和泵中真实流动的非定常性不仅影响效率和稳定特性，还能激发振动和噪声，也会导致轴系或叶片等发生颤振失稳，过量动应力会产生裂纹，甚至断

裂破坏。随着水轮机不断向高比转速、大容量的方向发展，泵类机械向大功率化和高速化方向发展，对机组的稳定性要求越来越高，非定常流动对机组稳定性的影响也会更加凸现。为了预测实际复杂流动，进行水轮机和水泵内由空间非均匀性和动静部件相对运动所导致的非定常流动的数值模拟，已成为水力机械计算分析的热点问题和前沿方向。此外，水力机械在实际工作中常常存在叶轮偏心涡动和偏离设计工况点运行,因而内部流动呈现更加明显的不稳定性，存在非均匀叶顶间隙泄漏涡、动静干涉、流动分离、空化、失速和进口回流等不稳定流动现象，因而流体与结构间的耦合作用也是非稳定的，会产生复杂的水力振动现象。因此，有关水力机械复杂工况下流固耦合作用的研究显得尤为重要。

1.3.3 水力机械运行控制系统的研究进展

随着理论和技术的发展，水力机械运行控制系统除维持水力机械正常运行外，对其运行控制也提出了更高的要求，需根据其运行环境、条件需求等诸多因素进行设计，在提高和改善电网或泵站管网的稳定性、安全性和经济性方面发挥作用，其内涵和外延都有较大的发展。该学科领域的发展与非线性动力学和控制理论等多领域的发展密切相关，其具有明显的多学科交叉的特点。

水轮机调速器是实现水轮机运行控制的核心设备，它依据水力系统、水轮机和发电机特性以及运行环境进行控制设计。水轮机调速器的研究主要从四个方面展开：其一，以水力系统、水轮机和发电机等调节系统对象的研究为基础，研究和改进调速器控制设计。水力系统对水轮机的作用主要以水轮机进口端面的水头和流量来产生影响。各种类型的、不同复杂程度的水力系统动态需转化为水轮机进口处水头和流量的变化，实现与水轮机的连接。近期的研究已开展了复杂水力系统的解耦、将水力动态转化成微分方程模型，将管道耦合水锤效应引入等工作。暂态过程中水轮机力矩计算分为内特性和外特性两种方式，应用较多的是基于外特性的建模方式，有线性化、非线性两大类不同简化程度的近似计算模型。为获取与运行真机一致的水轮机力矩计算模型，需将真机运行条件和环境下水轮机特性的变化纳入力矩计算模型中，已开展的一些工作包括基于效率试验建立包含内部能量损失的水轮机力矩计算模型、以系统辨识方式得到的模型等。在水轮机调速器设计中，发电机模型变化不大，一般采用近似的一阶或三阶模型。这一研究方向的主要趋势是将调节对象模型不断细化，寻求在更精细、准确的对象特性基础上进行调速器控制设计。其二，应用控制理论的新成果研究水轮机调速器控制策略。随着微机调速器的迅速发展，为软件实现控制策略特性的研究提供了广阔的发展空间。控制理论的新发展能迅速应用于水轮机调速器，如模糊控制、神经网络控制、H_∞、遗传算法、自适应、变结构、证据融合、仿人智能、混沌优化等均有应用研究。这些研究使得水轮机调速器控制多样化，促进了学科的交叉与融合。其三，应用控制论和非线性分析理论，研究水轮机调节系统的稳定性。例如，应用线性系统分析调节系统的稳定域，李雅普诺夫函数方法研究调节系统平的稳定性和稳定域，广义哈密顿理论研究系统的干扰抑制能力和健壮性，混沌动力学研究系统的分叉行为和动力学失稳机理和特性等。其四，将水轮机相关系统纳入统一框架下，研究在多场耦合条件下水轮机调速器的控制策略。直接方法是将水力机组纳入区域电网，采用电力系统多机仿真计算，研究调速器特性对电力系统的影响，同时考虑水轮机调速器与发电机励磁控制器的协调控制。新近的研究中，将水轮机及其相关的水力、电气、机械系统纳入统一的理论框架，如广义哈密顿框架等，基于水机电多场耦合动力学机制研究调速器和机组控制策略。目前的研究已显现出向水电站局部多机系统、区域电站群扩展的趋势。

1.3.4 水力机械系统的状态分析与故障诊断研究进展

目前我国水力机组正向大型化、复杂化的方向发展，机组结构日趋复杂，集成化程度越来越高。已建或拟建的大型水电站具有单机容量大、引水系统复杂、水流惯性巨大、水力电力耦合密切以及电力系统调频、调峰和事故备用动态响应能力要求高的特点。这些特点不仅给机组调节带来了极大的困难，而且其安全问题日益凸显。

水力机组在运行过程中受到流场、应力场和电磁场等多因素耦合作用，其故障动力学特性也同时受多种因素耦合作用影响。其故障原因除需要考虑机组本身振动影响外，尚需考虑发电机电磁力及电站引水系统、水轮机过流部件动水压力对机组的影响。水力因素故障主要因非最优工况下的引水系统或机组过流部件的流体激振引起，主要有：导叶和轮叶开口不均、水封间隙不等、转轮叶片断裂、尾水管偏心涡带、转轮叶片出水边后的卡门涡流等。机械故障往往因机组自身部件的长期服役而导致的各种老化、磨损所引起，主要有：转动部分质量不平衡、轴线不对中、转动部分与固定部件发生碰磨、轴承间隙过大、连接螺丝松动等。由于水电机组长期处于并网状态、机组电气设计的合理性和绝缘老化的程度直接影响机组电气故障的发生频率，常见的电气故障主要有：发电机转子圆度不足、定子铁芯刚度不足或松动、发电器空气间隙不均匀、绕组匝间短路等。上述故障中，水电机组转子的不平衡故障、不对中故障、定子转子间的碰摩故障、因偏离最优工况运行的尾水管偏心涡带故障和发电机磁拉力不平衡是水电机组常见的五种重要故障。

大型水力机组安全、高效运行的科学问题一直被国内外学者视为水电能源科学与复杂性科学交叉发展的前沿问题之一。在这一研究领域中，一个极富挑战性的问题是针对大规模水电开发中日益发展的巨型机组所构成的水机电耦合系统，如何对其复杂非线性动力学特性进行系统研究，并以此为基础揭示机组故障演化规律，建立故障诊断方法体系，从而保障水轮发电机组在水电能源系统的安全稳定运行。与这一目标相联系的关键问题之一是探索和建立一种全新的、基于复杂系统科学理论、运用现代信息科学方法与技术手段，研究并建立具有普适性的理论体系与技术实现方法，解决水轮发电机组复杂非线性动力系统建模与故障诊断面临的若干核心科学和关键技术难题。水力机组的状态分析与故障诊断研究主要集中在转子系统动力学建模、非平稳信号分析与故障诊断方法三个方面。

在机组转子动力学研究方面，考虑到机组振动主要集中在轴系，一般建立机组轴系转子动力学模型，分析其在不同激励下的振动响应，为探寻机组振动故障机理奠定理论基础。运用 Jeffcott 模型进行机组转子动力学分析时可推导振动响应的解析表达式，易于进行理论分析。在该模型的基础上研究分析水力机组转子横向振动、轴向振动和弯扭耦合振动的动力学行为机理，可有效揭示机组转子系统周期运动演化规律和混沌分岔现象，解析碰摩、不对中、质量不平衡等振动故障特征。采用有限元模型进行机组转子动力学分析在进行定量振动分析时具有精度优势，利用该模型能较准确地仿真变工况下轴系的振动特性，为定量分析不同激励下机组振动响应，反演振动故障成因做出了积极尝试。水力机组转子动力学研究不仅可为机组振动分析提供理论依据，而且可为机组故障诊断奠定模型基础。

在非平稳信号分析研究方面，时域分析方法和频域分析方法虽能够较为直观地获得机组特征，是目前使用最多的信号分析与特征提取方法之一，但其在处理非平稳振动信号时仍存在不足之处。时频分析方法的出现，较好地解决了非平稳信号的分析与处理问题。时频分析方法同时对信号的时域信息和频域信息进行分析，可充分、全面地反映出信号频率结构及各频率成分的时域特性，进而描绘出信号不同频带成分的时间演化规律，并从中提取出非平稳信号的时频特征。时频分析方法从信号时频变化趋势着手，使其完全能够适应非平稳信号分析的要求，自提出以来，迅速发展成为信号处理中最常用的手段之一，在旋转机械的振动故障识别与诊断中也获得了众多成功应用。目前，最为常用的时频分析方法主要包括：短时傅里叶变换、小波变换、Wigner-Ville 分布、Hilbert-Huang 变换等。上述三类特征分析与提取方法，均以信号本身为对象进行处理与分析，而在水电机组状态监测与故障诊断中，还有另一种常用的反映机组运行状态、为故障诊断提供依据的有力工具，即机组图元信息。所谓图元信息，主要指由机组监测信号通过简单组合所形成的各种图像，如：轴心轨迹图、开机过程曲线图、停机过程曲线图、状态变量间关系曲线图、机组运行特征曲线图等，这些图像通过其形状、颜色、灰度等特征，直观、形象地反映出机组当前的状态信息，也是水电机组故障识别与诊断的重要途径之一。

在故障诊断方法研究方面，如何根据机组故障特征识别出故障类型并完成故障诊断也一直是故障诊断领域中的研究热点之一。目前，在水电机组故障诊断实际应用中，仍是以基于专家知识和个人经验的诊断方法为主。这类诊断方法由现场诊断发展而来，通过计算机将水电机组运行过程中故障与征兆相关的知识和经验记录下来，并运用一定的推理机制对未知的机组状态进行识别诊断，这类方法的代表为：专家系统、故障树等。基于专家知识的诊断方法具有针对性强、推理过程简单等优点，且在知识覆盖范围内诊断结果相对准确可靠。然而，这种方法过于依赖专家知识，在知识库的建立、维护与更新过程中均需要专家参与，且适应范围只限于知识所涵盖的故障类型，对于未知的故障类型不能进行有效地判断，这显然无法满足当前自动诊断发展的需求。另一方面，故障间越来越强的耦合关系，使得多故障源的征兆彼此交织，仅仅通过固定的专家经验难以有效识别出机组故障的真正原因。

随着模式识别理论研究的不断深入，机器学习方法已发展成为故障模式识别的重要手段。机器学习方法主要是运用计算机模系统模拟人类学习活动，通过学习知识来改善系统的工作能力。应用于故障诊断则是通过对现有故障样本进行分析，从中学习相关知识，建立故障分类模型，用于未知机组状态的识别诊断。按照分类样本特点的不同，主要分为监督学习方法和无监督学习方法。监督学习方法是指供计算机学习的样本同时包含有类别标签与特征信息，这类学习方法能够根据样本标签和特征信息清晰地获得故障类型与特征间的映射关系，从而建立故障诊断模型，其中最为常用的有：神经网络、贝叶斯网络、支持向量机等。无监督学习方法不需要样本标签，直接从样本特征中获取信息，并据此建立模式识别模型，其中聚类算法最具代表性，在故障诊断中得到了广泛应用。随着机组自动化需求的不断提高，仅仅依靠单一机器学习技术，已很难满足机组对故障诊断可靠性的要求。因此，将不同的智能诊断方法进行融合，形成适应性更强、泛化能力更高的故障识别方法，这对故障诊断研究有着重要意义。

无论是对于泵系统还是水轮发电机组，状态分析和故障诊断都是需要解决的重要问题。而状态分析和故障诊断要以在线监测为基础，而大型泵站在线监测的难点在于流量的监测，目前没有成熟的流量测试技术。同时，应对水力机械常见故障的产生、发展机理进行研究，一方面可提高对状态和故障判断的准确性，另一方面可在源头上为实现故障的控制提供依据，即进一步加强水力机械系统动力学特性机理研究，加强水电站复杂尾水系统中的明满交替水流水力瞬变特性研究，加强水力-机械系统的动特性研究，进一步完善水力过渡过程计算理论、计算模型及物理模型试验研究。特别是开展以下研究：

（1）流-机-电系统耦联动态特性研究；

（2）水力机械系统的不稳定流数值仿真；

（3）水力机械系统动态参数辨识与振动荷载的动态识别技术；

（4）故障诊断的智能化理论与新技术；

（5）状态监测与故障诊断的新理论与新技术研究；

（6）水力机械安全经济运行域边界精确描述的理论与方法；

（7）水力机械故障征兆辨识的理论与分析。

鉴于我国水力机械系统数量众多，监测条件很差，每年用于设备检测的费用数额巨大的特点，建议开展水力机械状态监测与故障诊断的新理论与新技术研究，实现有关水动力学、结构动力学特征的低成本、快速、准确、有效的检测方法。在此基础上，开展状态监测与优化运行控制技术的耦合研究，以实现水力机械系统能对自身运行状态进行分析、判断，进而实现工况调节的智能化运行模式。

1.3.5 水力机械及系统安全稳定运行与控制研究

水力机械及系统在启动、停机、工况转换、偶发事故的条件下，极易发生危及系统安全运行的破坏性事故，其中以水锤压力、液柱分离引起的爆管和抬机事故，自激振荡或强迫振荡引起的共振事故最为突出。

在工程规模越来越大、输水系统布置形式和边界条件越来越复杂的形势下，安全运行问题更加凸显。为此，应加强液柱分离、含气型气液两相瞬变流的应用基础研究；加强在复杂布置形式和边界条件下，如多级分岔压力管道非线性波动反射与叠加的研究；加强水力机械及系统暂态特性、频谱特性、压力脉动特性的研究；加强新型组合式平压设施的研究；加强水力机械及系统状态监测与安全事故预警、报警的研究。

有调节和反馈，就必然存在系统稳定性的问题。随着用户端随机性需求、多目标需求的不断增长，系统的调节能力和调节品质也亟待提高，系统运行稳定性的形势也日益严峻。越来越复杂的输水系统面临的非线性稳定性问题是具有共性的基础性难题。

系统稳定运行与其调节品质是一对相互牵制的矛盾，解决该矛盾的关键在于系统动力学性能的最优化、动力设备的最优控制。为此，应加强复杂系统、复杂边界条件与多目标约束条件下的系统动力学性能最优化理论与技术的研究；加强复杂系统、复杂边界条件与多目标约束条件下动力设备的最优控制理论与技术的研究；加强现代控制理论与方法在水力机械及系统中应用的应用基础研究；加强站群和机组群联动联调的应用基础研究；加强智能监控设备关键技术、硬件与软件集成创新的研究。

主要研究方向有：

（1）水机电多场耦合分析理论。

（2）多场耦合下控制设计理论研究。

（3）水电站和站群控制调节的多机计算理论和方法。

（4）水泵水轮机过渡过程及控制研究。

（5）带真机抽水蓄能电站模型试验技术研究。

（6）水力机械及其控制系统的稳定性研究。

（7）控制领域新理论新方法的应用研究。

（8）水力机组的主动稳定研究。

（9）新型水力机组控制和监测设备研究。

（10）海洋能发电设备间歇性机组双向运行调节控制策略问题研究。

（11）海洋能转换设备非稳态过渡过程三维数值模拟研究。

另外，随着新能源机组在电网中所占比重不断增大，电网对新能源的消纳能力将主要取决于网内负荷波动。因此，利用水电机组快速调节实现区域电网的快速补偿，其相关理论和方法值得关注。

第2章 水电站设备维修技术创新发展路径规划概况

2.1 水电站设备维修技术创新发展路径规划指导思想与发展思路

2.1.1 指导思想

贯彻“创新是引领发展的第一动力”的理念，以集团公司“一个目标、三型五化、七个一流”总体发展战略为指导，大力推动“创新型”“智慧化”企业建设，坚持“自主创新、重点跨越、支撑发展、引领未来”的总体思路，依据“统一规划、分步实施”的原则，以流域电站集群检修为契机，以“实时掌握状态、预测预警风险、精确定位故障、自动生成方案、智能学习检修过程”为导向，以实现“打造幸福大渡河、智慧大渡河，建设国际一流水电企业”为目标，努力提升自身滚动发展能力、提升创新驱动活力、提升市场竞争力、提升效益增长潜力、提升发展保障动力，实现更高质量和更好效益。以提高企业科技创新能力、经济效益和管理水平为目的，积极完善科技创新体系，大力推进自主创新、集成创新和新技术的应用，培养科技人才，切实依靠科技创新和技术进步解决公司安全生产和设备检修中的重大技术问题，致力于成为中国领先的水电专业服务和解决方案提供商。

2.1.2 科技发展思路

以“创新求变，强化科技核心实力”为工作主题和发展思路，坚持“统一规划、分步实施”“加强合作，借助外脑”“发挥专业优势”“重点突破和全面发展相结合”“自主创新和引进消化相结合”“近期需要和长远发展相结合”六大原则，以现场实际需求为出发点，重点推进科研项目研究，着力加强科技创新体系建设，培养科技人才，出台科技创新管理办法，促进科研成果的转化，提升公司科技创新能力和核心竞争力。

在国能集团战略的指导下，依托长期的水电检修服务经验沉淀，把握水电产业增长机会，抓住水电检修服务行业窗口期，以流域为基础，逐步向外拓展，积极面向市场，专注水电产业，围绕水电检修服务，形成水电设备安装调试、监测诊断、试验、检修、技术改造、技术服务、检修监理的一体化业务结构，聚焦做强做大，走专业化、智能化、高端化的发展道路，打造中国水电检修行业领先品牌。通过技术创新和专业化管理，实现由中低端向中高端的业务转型和生产型向经营型的管理转型，将公司打造成技术先进、服务智能、管理科学、团队优秀、客户信赖、国内领先的水电专业服务和解决方案提供商，从而助力水电产业的发展。

“十四五”时期是检修公司深入贯彻落实党的十九大精神，全面推进“幸福大渡河、智慧大渡河”建设，全面深化科技创新的关键时期，是以集团公司“一个日标、三型五化、七个一流”战略为统领，是检修公司打造“成为中国领先的水电专业服务和解决方案提供商”，完成战略转型的重要时期。如何从科技发展的角度，完成智慧企业四大业务单元之一的智慧检修建设，是编制科技发展“十四五”规划的重点。

随着公司经营方式的转变，大渡河流域电力生产由开发转向运营，公司进入了电力生产的新阶段，更加需要进一步提升自主创新能力，以科技创新、技术进步推动企业稳步发展，实现安全化、智能化的电力生产。为有序推进公司技术创新工作，切实解决公司在电力安全生产及流域电站设备检修中的科学技术问题，发挥科技对企业发展的支撑和引领作用，公司研究制定了本规划。本规划是检修公司“十四五”期间科技发展的指导性规划，期限为 2021 年至 2025 年。

随着公司经营方式的转变，电力生产由开发转向运营，公司进入了电力生产的新阶段，更加需要进一步提升自主创新能力，以科技创新、技术进步推动企业稳步发展，实现电力生产安全化、智能化。为有序推进检修公司技术创新工作，切实解决检修公司在电力安全生产及流域电站设备检修中的科学技术问题，发挥科技对企业发展的支撑和引领作用，是检修公司“十四五”期间科技发展的指导性规划。

2.2　水电站设备维修技术创新发展目标

2.2.1　水电站设备维修技术创新发展总体目标

“十四五”规划期间，检修公司科技创新能力不断增强，科技研发投入不断加大，科技人才不断涌现，科技创新体系不断完善，科技成果不断落地应用，科技成果不断产出。

一是技术创新能力不断增强，培育具有一定规模的科技研发团队，以智慧检修研究主要方向为重点，形成自主知识产权的核心技术和产品。“十四五”规划期间，公司专利授权量、科技论文发表量均比“十三五”期间有较大的增长。

二是科技研发投入不断加大。加大科技经费投入，以现场痛点为出发点和归宿点，重点开展科技项目立项研究工作，严把验收关，结合高校、科研机构促进产学研合作。“十四五”规划期间，全公司科技投入、科技活动人员数均比“十三五”期间增长一倍以上，研究与试验发展经费支出比例明显增长。

三是科技创新体系不断完善。出台一套公司科技工作管理办法，实现科技成果奖励，激励现场不断创新，打造一批具有较强竞争力的核心科技团队。

四是科技成果不断产出。“十四五”规划期间，公司获得省部级科技奖及行业内奖项均比“十三五”期间增长一倍，较优的技术成果实现科技转化，知识产权成果授权有较大提升。

2.2.2 水电站设备维修技术创新发展年度目标

公司以智慧检修建设为牵引，不断强化科技创新，做好顶层设计，增强核心竞争力；积极参与行业智慧检修标准编制，完成《水电企业智慧检修与管理》专著编写；加强智慧检修平台打造，推进智慧检修运行中心建设；加强数据管控及处理能力，根据电站实际情况升级智慧检修系统功能，提升智慧检修诊断平台的，实现智慧检修平台“走出去”；加强科学科研，抓好新科技、新发明的吸收及应用，提升公司技术人才的培养。具体目标如下：

“十四五”期间，研发 2 种适用于大渡河流域水电站过流部件的高抗磨材料；大渡河流域电站关键部件监测覆盖率力达 91%，建立设备诊断及趋势预警模型 180 个；搭建机组实时状态评估及全生命周期预测系统；实现流域检修项目线上过程管控 100%，为远期实现最优检修决策自动生成，人力资源、物资智能调配，检修过程标准化等提供基础；加大水电站维护检修先进装备的采购及使用，提升大型水轮发电机组 A/B 级检修能力和大型水轮发电机组增容改造技术能力，提升 500 kV GIS 和 IPB 设备检修、试验、改造和重大缺陷处理能力，使检修公司水利水电工程总承包和水利水电机电设备专业承包等级提升。“十四五”期间需要完成一部专著出版；取得行业及以上奖励 5 项；获得授权专利 80 项（其中发明专利 8 项）；发表论文 100 余篇（期中 SCI 收录 10 篇以上）；编制企业和行业标准 3 部以上；打造全国电力行业领军人才、技术能手各 4 人，打造四川省电力行业技术能手 15 人；提升公司中高级人才占比至 60%以上。

2.3　水电站设备维修技术创新发展重点及主要任务

2.3.1　水电站设备维修技术创新发展重点

深化以可靠性为中心的设备管理体系，完善设备检修各项基础数据积累。以先进项目管理思想为理念，充分吸收 FMEA、可靠性管理体系等管理体系技术，积累设备管理基础数据，采用系统性的全周期管理方式对检修过程中的“人、机、料、法、环”实现综合统筹，以先进管理体系推动水电检修变革。统计设备检修、缺陷、试验等数据，分析故障形成原因、检测方法及维修措施，构建灵活开放的专家故障库，并根据已有的检测数据和检测技术手段，优化并形成切实可行的检修策略，以指导现场生产。

2.3.2　水电站设备维修技术创新主要任务

2.3.2.1　重点深化设备可靠性管理的研究

以 FMEA、可靠性管理体系、项目管理软件为基础，建立设备可靠性管理小组，联合专业单位，研究设备可靠性管理模型。对发电设备可靠性进行全面分析研究，重点分析运行中出现的缺陷，制定相应的解决方案，深层次分析产生缺陷的原因，形成检修策略，保证设备的可靠性。推进科技创新及信息化体系建设，完成完善智慧检修运行中心建设，初步建立以可靠性为重点的设备管理体系，出台检修公司科技成果奖励办法，完善一批项目验收工作，例如，水轮发电机组主设备振摆在线监测数据标准编写、水电站水下机器人（ROV）应用研究等。

2.3.2.2 重点深入开展设备感知技术研究

以先进传感技术为基础，开展理论研究，研发一批基于声发射、超声波的技术传感器，将测点布置于各个关键部位，采集温度、振动等数据，并集成到数据系统上，实现设备在线监测和实时感知。继续推进科技创新及信息化体系建设，深化以可靠性为重点的设备管理体系，以设备感知为重点研究对象，完善设备检修各项基础数据积累经验。通过先进的设备传感技术，集成设备感知系统和数据库，实现设备在线监测预警，对设备实时进行观测，建立设备健康度评价系统。

2.3.2.3 以设备全生命周期管理预测研究为重点

研发出国内首个技术领先的转轮实时状态评估和生命周期管理及预测系统，以填补行业空白，从而实现转轮实时运行状态的数字化显示和安全评估、中长期运行健康度和检修周期预测、转轮运行定期评估报告及不良运行状态预警等功能。

2.3.2.4 深化科技创新及信息化体系建设

深化以可靠性为中心的设备管理体系，完善设备检修各项基础数据积累。以先进项目管理思想为理念，充分吸收 FMEA、可靠性管理体系等管理体系技术，积累设备管理基础数据，采用系统性的全周期管理方式对检修流程中的“人、机、料、法、环”实现综合统筹，以先进管理体系推动水电检修变革。

以可靠性为中心的维修是一种用以确定资产预防性维修需求、优化维修制度的系统工程方法，对设备的安全稳定运行、风险管理有重要的意义。研究通过统计设备检修、缺陷、试验等数据，分析故障形成原因、检测方法及维修措施，构建灵活开放的专家故障库，综合优化进而形成检修策略，以指导现场生产。

持续以可靠性为中心的设备管理体系建设，培养一批可靠性管理工程师，开展设备可靠性管理。

2.3.2.5　研究水电机组金属结构及过流部件磨蚀修复技术

公司提出一整套适合于大渡河流域梯级水电站的抗磨蚀技术，研发出 1 ~ 2 种适用于大渡河流域水电站过流部件的高抗磨蚀材料，减少过流部件磨蚀现象带来的损害。

在水轮机气蚀修复上不断探索新工艺和新材料的应用，力争在水轮机气蚀修复材料及抗磨涂层应用上取得明显突破；掌握水轮机气蚀修复的核心技术，提升水轮机气蚀修复水平，打造具有检修公司特色的水电机组金属结构及过流部件磨蚀修复技术服务产品。并选择大渡河水电站目前为止磨蚀严重的固定导叶、座环、蜗壳和压力钢管开展现场试验。针对不同部位选择磨蚀防护材料，制定磨蚀修复技术方案，定期评估磨蚀防护效果。

针对水电站机组过流部件的形状及精度控制要求，目前增材制造技术也逐步应用在机组各部件的制造和检修维护中。

2.3.2.6 以大型设备激光测量仪的应用研究为重点

制作一套专用测量辅助工装，实现三维激光测量定位系统在水电站安装检修的应用，实现水电机组找中心、转子测圆、设备安装找正等功能。建成一套测量系统，提高一次性水电设备安装检测成功率（测量、定位、复检），同时实现人机交互，将测量数据统一实时上传至数据平台，记录机组数据变化。并分析激光测试仪在设备安装过程中应注意的问题以及优化措施，提高水电机组设备安装水平，为水电机组安全经济运行提供保障。

2.3.2.7 水轮发电机组数字轴承的研究与应用

数字轴承系统通过将数字轴承单元与数据采集单元进行融合，实现轴承运行状态的在线监测，采集数据包括温度、油膜厚度、轴承磨损量等，通过大数据积累和分析，为水电站机组预测诊断、状态维护提供可靠依据，以满足水电站智慧检修的需求。

2.3.2.8 超声波技术在应力测试领域中的开发应用

开展基于声弹性效应的超声波与金属材料应力关系的理论课题研究，在此基础上开发一种高性能应力测试的超声波传感器，实时测试应力变化，从而监测水轮机裂纹等异常现象，并在现场应用推广。

2.3.2.9 开展水轮机转轮实时状态评估和生命周期预测研究

进行水电站转轮运行状态仿真和疲劳寿命计算，从物理机理层面分析转轮在各工况状态的疲劳寿命预估，筛选反映水轮机空蚀和裂纹状况的监测量，并设计针对性的监测设备选型及安装方案，为转轮状态在线监测提供技术支撑，进行转轮空蚀和裂纹状态评价与分析，为转轮状态的自动诊断提供判断依据，在实际运行过程中监测评估转轮状态，实现转轮生命周期的管理及预测。

2.3.2.10　基于全生命周期的智慧检修的研究

1. 研究 GCB 的断路器在线监测系统

断路器在线监测系统（GMS600 型）通过采集断路器运行电压、电流以及各种报警信号、操作信息等，实时计算出断路器的电气寿命、机械寿命等，在安全运行的前提下，最大限度地延长断路器的使用寿命。

2. 电气一次主设备研究智能红外监控系统

在发电机风洞、主变及电抗器室、GIS 大厅、GIL 廊道、出线场区域增加智能红外监控系统。整个系统由前端设备、中心服务器和客户端三部分组成。无人值守系统安装在现场，服务器、客户端可在需要的工作站或计算机处安装。

3. 引入数字孪生解决方案

基于数字孪生技术，将设备和设施进行精细化 3D 建模，并与相关数据进行关联整合，以虚拟现实的形式完整呈现设备及设施内外部的部件及数据细节。利用前沿的传感技术、信息传输技术等实现相关设备及设施的全面化智能化自动巡检，从而代替人工巡检。组建无线及有线传输混合网络，细致的三维图像引擎搭建三维可视化全景，将设备运行数据、环境数据、关键音频数据等整合起来，按需任意组合调用进行按功能模块化诊断分析，实现在监设备及设施的信息全景交互、人工巡检智能化、作业全过程管控、潜在风险自动预判，以提高指挥决策准确度及效率。

4. 研究 10 kV 开关设备智能在线监测设备

柜内环境温度湿度监测、触头及接点温升在线监测，且设备应支持 IEC61850 通信标准，可将监控数据上传至后台一体化平台系统。

5. 500 kV 避雷器设备、电缆等绝缘状态智能分析、在线监测

分析 500 kV 避雷器老化曲线，监测收集全电流数据信息，记录动作次数发生时间及动作电流等。在线监测电缆金属护套的连接与接地，预防电缆外护套因绝缘击穿而引发事故。

6. GIS、GIL 系统六氟化硫气体在线监测功能升级

将所有气隔压力表数据汇集在在线监测系统上，进行历史气压趋势分析。

7. 开发发电机组实时智能监测系统

机组实时智能监测系统是指实时收集与存储各机组的运行数据，对机组各个部件的状态进行实时监测和故障分析。对存入实时数据库的资源实现共享，通过分析计算处理，形成各类功能指标，并通过应用模块进行展示和人机交互，以便对电站机组相关指标进行预警及诊断，以及对用户进行监测、分析和诊断。

8. 开发机组健康度评价及趋势预警系统

健康度评价及趋势预警板块应能利用设备所有相关测点结合不同历史运行工况数据建立不同的模型。系统应能对发电机组的历史数据进行分析，构建出一个健康度的基准值，作为评价发电机组运行状态是否健康的标准。

系统应能通过大数据分析预测机组的运行状态走势，具有自动生成设备状态信息报表功能和立足于实际水电检修的功能，达到科学评估机组整体健康状态的目的，为最终实现智慧检修做出积极的探索。

9. 开发智慧检修管理系统

智慧检修管理板块根据故障特点，应能自动生成工作票、检修方案、工序卡等文件，科学指导、管理和监督检修作业。同时，通过业主需求整合、检修队伍管理、检修任务分派等实现人工检修的效率提升。初步实现风险识别的自动化和检修决策的智能化，有效提升设备安全可靠性，解决水电检修季节性对人力资源的需求，从而降低检修成本。

第3章 水电站设备维修技术创新发展保障措施及队伍建设

3.1 水电站设备维修技术创新发展保障措施

1. 加强完善科技创新体系

以公司现有技术业务管理职责划分为基础，以智慧检修研究发展中心、青年创新工作室为平台，建立健全公司科技创新体制，充分发挥公司科技创新的整体优势，对公司发展中面临的重大科技项目，在公司范围内统一规划、统一目标、统一配置资源，实现科技人员和资源的有效利用。同时，在公司科技工作领导小组的领导下，继续推进目标责任制考核工作，完善促进科技自主创新能力提升的政策体系，建立设备可靠性管理体系，出台科技管理工作办法，激励科技创新工作。

2. 加大科技经费投入

继续加大科技经费投入，满足公司科技创新需求，以科技项目为推手，以内部科研团队为主，联合外部各科研机构、高校开展科技创新工作。同时，积极争取大渡河公司和上级有关部门对水电检修方面的科技创新工作的支持，拓宽科技经费渠道。

3. 加强科技人才培养

围绕公司发展战略，依托于重大检修项目、科技创新项目，把人才、项目与培训有机结合，选拔一批有基层经验的高学历人才，进一步保持和提升公司科技人员队伍整体素养。给予科技人才外出交流培训的机会，拓宽对外交流培训通道，加大对科技人才的培训支持。

同时，鼓励现场进行科技创新工作。通过技术革新，不断优化公司专业技术委员会和技术技能专家队伍，研究解决检修中的各种技术难题，培养青年科技人才，不断完善专业技术人员的激励机制，鼓励技术等生产要素参与分配，充分体现科技人员的劳动价值，有效调动技术人员科技攻关的积极性。

4. 加强内外交流合作

开展内部科技交流工作，鼓励组织业务骨干、科技骨干相互交流。加强与相关大专院校、科研单位、设备厂家的合作，加强产学研合作研究，充分调动一切力量，迅速提高公司的技术开发与创新实力。紧密跟踪检修技术发展的动态和趋势，进一步加强与水电检修、电力生产相关专业机构的联系，积极鼓励广大科技人员开展学术交流和合作。

3.2 科技创新人才队伍建设

“十三五”期间，随着大渡河流域水电的进一步投产开发，流域总装机容量达到 1 133 万 kW，投产规模和总装机容量再创历史新高，检修公司负责大渡河公司“七厂九站”的检修工作，在开展检修工作的同时，结合现场痛点攻克技术难题，不断提升管理水平。另一方面，大渡河公司开展智慧企业建设，为检修公司创造了极佳的科技发展机遇，公司科技创新能力不断增强，科技人才队伍不断壮大。

“十四五”是我国经济转型升级的关键期，党的十九大报告指出要“加强国家创新体系建设，强化战略科技力量”。同时，随着水电工程建设的有序推进，水电开发的程度逐步提高，水电生产的重点逐渐向运营转变，对水电开发运营提出了更高的要求。水电检修作为水电生产不可或缺的一环，如何实现水电检修的智慧化建设成了今后要长期探索的方向之一。

随着电力改革的不断深入，电力生产智慧化建设“风起云涌”，各发电集团相继成立区域性检修公司，同时大力推动智能化、信息化建设，导致水电检修竞争日趋激烈。检修工作任重而道远，需要大力实施科技创新工程，提升核心竞争力。如何完善科技创新人才队伍建设，提高科技人才的专业技能，提高各类科技人才的职称和学术头衔等已成为整个行业急需解决的问题。

目前检修公司高端人才以及在行业中具有较大影响力的人才较为匮乏，要引领国内水电设备智慧检修，必须要打造一支科技创新团队。

联合国内相关高校，成立产学研用联盟，建立创新机制，联合申报国家级或省部级科研项目，创建高水平的科研平台和联合实验室。

目前国能大渡河检修安装有限公司获得的国家级及省部级的奖项较少，在“十四五”期间，必须要有标志性的科研奖项；形成一批发明和实用新型专利，发表多篇高水平的科研论文，出版一系列的行业技术标准等。

第4章 智慧水电

随着全球变化和经济社会的快速发展，我国水资源供需矛盾日益突出，极端水文事件频繁发生，严重威胁我国水安全、粮食安全及生态环境安全。我国地域广阔，水系众多，水利工程点多、面广、量大，类型复杂，经济社会的快速发展对水资源安全和水利工程的安全高效运行提出了更高的要求。水利部在2019年全国水利工作会议上提出，“水利工程补短板，水利工作强监管”是今后工作的总基调。当前，传统水利已难以充分满足新时代经济社会发展所需的专业化、精细化、智能化的管理要求。随着以云计算、Web 2.0为标志的第三次信息技术浪潮的到来，以“感知、互联和智能”等为基本特点的大数据、物联网及其应用极大地改变了各个行业信息化服务的效率、易用性和行为范式。水利信息化、现代化和智能化发展迎来了良好契机，发展智慧水利，正成为水利现代化，快速提升水资源效能的强力抓手和必然选择。

下面讲解几个基本概念：信息化→智能化→智慧化。

人类正在进入以信息为基础的时代，最主要的资源已经由物质与服务演进为全社会可共享的信息。所谓信息化就是充分利用信息技术，开发利用信息资源，促进信息交流和知识共享。本质上，信息化是通过信息高效流通，减少信任成本与组织中的内耗，达到边际成本递减的目的。通过数据和计算，更高效地连接供需双方，实现更精准匹配，使有限存量资源发挥更大效率。其表现形式就是各种数字化，即在计算机、互联网等信息技术支撑下，所有事务均在数字化和网络化环境下进行。

智能化，是指事物在网络、大数据、物联网和人工智能等技术支持下，具有能动地满足人各种需求的属性，具备自适应、自校正、自协调等能力。利用 CPS（Cyber Physical Systems，信息物理融合系统）的概念可较好地描述智能化过程。信息系统实时监控物理世界运行状况，物理世界又可借助信息系统进行各类环境因素的检测调节与控制。通过信息系统和物理世界相互渗透的反馈循环，达成安全、可靠、高效和实时的控制效果。

早期智能化系统大多是自动化的机器设备，随着物联网和人工智能发展，一些较复杂的系统也具备了整体的智能化能力。如无人驾驶汽车，将传感器物联网、移动互联网、大数据分析等技术融为一体，通过传感器识别自身状态和环境态势，实现自动化的驾驶、避障、停车等，能动地满足出行需求。智能化的基本逻辑是，采集事物运行数据，发现其历史规律并进行数学建模，通过计算预测和监测对比，反向指导或控制事物运行。至于数学建模，无论使用简单的回归分析，还是流行的机器学习甚至神经网络（即人工智能 AI），均先要学习足够多的历史数据。

智能交通是通过摄像头、卡口、雷达、浮动车等采集路口的交通量，以及路段的行车速度，再通过数学模型，计算更合理的信号灯配时，代替传统的固定程序或手动控制，增加路口乃至全路网的通行效率。又如，视频数据的结构化处理和要素识别，是现阶段最普遍的人工智能应用，如人脸识别、车牌识别等。人工智能从视频数据中提取有用信息，解决了视频数据只能人工监视或事后回溯的困扰。

智慧则是生命具有的基于生理和心理器官的高级创造思维能力，包含对自然与人文的感知、记忆、理解、分析、判断、升华等。尽管大数据具备多维度、大样本量的特性，加上人工智能技术赋能，比以往更接近复杂系统全貌，但仍不足以拥有真正智慧。技术层面上，以群体智能、类脑智能、神经芯片和脑机接口等为代表的强人工智能，水平会远超现在的人工智能，从而实现推理和解决问题，这时智能系统才会表现出类似生命体的思考能力。

近十多年来，国内一些地方开展了智慧流域、智慧水利等方面的探讨。2018 年中央一号文件明确提出要实施智慧农业林业水利工程，水利部提出的水利九大业务和水利监督业务需求，都是智慧水利的重要组成部分。然而，当前一些地方对于智慧水利还缺乏较为系统的认识，部分地方的智慧水利工程还仅停留在信息管理系统平台和可视化等方面。因此，有必要进一步厘清和明晰智慧水利的内涵、工作重点以及发展目标。

4.1　智慧释义

《辞书》云：智慧是一种通过人脑思维的活动，是生物所具有的基于神经器官（物质基础）一种高级的综合能力，包含：感知、知识、记忆、理解、联想、情感、逻辑、辨别、计算、分析、判断、文化、中庸、包容、决定等多种能力。智慧让人可以深刻地理解人、事、物、社会、宇宙、现状、过去、将来，拥有思考、分析、探求真理的能力。与智力不同，智慧表示智力器官的终极功能，与“形而上谓之道”有异曲同工之处；智力是“形而下谓之器”。智慧使用做出导致成功的决策，有智慧的人称为智者。

智慧，是由智力系统、知识系统、方法与技能系统、非智力系统、观念与思想系统、审美与评价系统等多个子系统构成的复杂系统，包括遗传智慧与获得智慧、生理机能与心理机能、直观与思维、意向与认识、情感与理性、道德与美感、智力与非智力、显意识与潜意识、已具有的智慧与智慧潜能等众多要素。

因此，总体上来说，智慧是对事物能迅速、灵活、正确地理解和解决问题的能力，是一种辨析判断、发明创造的能力。

4.2 智慧理念的提出及推进

1998 年美国前副总统阿尔·戈尔提出数字地球构想，数字地球是一个无缝的覆盖全球的地球信息模型，它把分散在地球各地的从各种不同渠道获取到的信息按地球的地理坐标组织起来，既能体现出地球上各种信息（自然的、人文的、社会的）的内在有机联系，又便于按地理坐标进行检索和利用。

2008 年 11 月，IBM 公司在美国纽约发布的《智慧地球：下一代领导人议程》主题报告中提出，即把新一代信息技术充分运用于各行各业。“智慧城市”源于智慧地球的理念，是运用物联网、云计算、大数据等新一代信息通信技术，促进城市规划、建设、管理和服务智慧化，以提升资源运用的效率，优化城市管理和服务，改善市民生活质量。2008 年，奥巴马担任美国总统后，对“智慧地球”做出积极回应；中国多省市也与 IBM 签署“智慧城市”共建协议。2012 年“智慧城市”被列为中国面向 2030 年的 30 个重大工程科技专项之一。2014 年国家发展和改革委员会等八部委联合印发的《关于促进智慧城市健康发展的指导意见》中明确指出，建设智慧城市，对提升城市可持续发展能力具有重要意义。2015 年国家发展和改革委员会等 25 个相关部门成立了新型智慧城市建设部级协调工作组，共同加快推进新型智慧城市建设。2016 年《国民经济和社会发展第十三个五年规划纲要》中提出要加强现代信息基础设施建设，推进大数据和物联网发展，建设智慧城市。2016 年《国家信息化发展“十三五”规划》中提出要推进新型智慧城市建设行动。

4.3 智慧水利

智慧水利是智慧地球的思想与技术在水利行业的应用。IBM 公司将美国国家智慧水网（National Smart Water Grid™）作为“智能地球”的重要组成部分，提出了三个关键词：自动化、交互性和智能化。即利用物联网技术，自动实时感知水资源、水环境、物理大气水文过程及各种水利工程的多要素、多属性、多格式的数据；通过信息通信网络传送在线的数据库、数据仓库和云存储；再利用云计算、数据挖掘、深度学习等智能计算技术进行数据处理、建模和推演，做出科学优化的判断和决策，并反馈给人类和设备，采取相应的措施和行动有效解决水利科技和水利行业的各种问题，提高水资源的利用率、水利工程的效益，有效保护水资源及水环境，实现防灾减灾和人水和谐。智慧水网的技术核心涉及水文学、水动力学、气象学、信息学、水资源管理和行为科学等多个学科方向，是新一代水利信息化的集成发展方向。

因此，智慧水利是运用物联网、云计算、大数据等新一代信息通信技术，促进水利规划、工程建设、运行管理和社会服务的智慧化，提升水资源的利用效率和水旱灾害的防御能力，改善水环境和水生态，保障国家水安全和经济社会的可持续发展。

综合来看，智慧水利的内涵主要有三个方面：

（1）新信息通信技术的应用，即信息传感及物联网、移动互联网、云计算、大数据、人工智能等技术的应用。

（2）多部门多源信息的监测与融合。这包括气象、水文、农业、海洋、市政等多部门，天上、空中、地面、地下等全要素监测信息的融合应用。

（3）系统集成及应用，即集信息监测分析、情景预测预报、科学调度决策与控制运用等功能于一体。其中，信息是智慧水利的基础；知识是智慧水利的核心；能力提升是智慧水利的目的。

4.3.1 智慧水利的基础是信息

信息是智慧水利建设的基石。系统、整体、多类型地获取信息，以及在信息获取之后的存储、汇集、评价、校正和融合对智慧水利目标的实现至关重要。

1. 信息多元性

智慧水利涉及领域广泛，应用目标多元，其所需信息也复杂多样，涉及水利对象的信息有河流水系、湖泊、水利工程等。水利信息时间跨度涵盖过去、现在以及未来气候模式等。信息来源有地基水利要素站网监测以及空基天基遥测数据。包含业务属性的信息有建设、运行、维护和服务信息。信息存储格式也多种多样，如图像、数字、音频和视频等。

2. 感知完整性

为全面、系统、准确地收集水利信息，一是需要扩大感知及监测范围，即充实水文、水质、地下水位、水环境监测站网，加快水文现代化建设步伐，以扩大江河湖泊水系的监测范围；补齐和提升大中小型水库、长江与黄河等流域下游险工险段堤防、重点水闸、下游有村庄或重要设施的骨干淤地坝等水利工程安全及运行监测设施，扩大水利工程设施的监测范围；全面提升水资源、水环境、水生态、水灾害、工程运行等水利核心业务管理活动中的重要事件、行为和现象的动态感知能力，以提升水利管理活动的动态感知能力。二是提升立体感知的智能水平，通过卫星、雷达、无人机、遥控船等新型遥感监测手段，以及高清视频监控的应用，大力提升水文测报自动化和智能化水平，实现对江河湖泊、水利工程、管理活动的动态感知。

3. 信息汇集

智慧水利通过综合数据汇聚与支撑平台（实时立体监测、遥感信息分析、历史数据分析、视频等）进行多源、多种类数据信息的汇集和整合。在水利部、流域和省区分别建立三级感知数据汇集平台，统一接收遥感影像，根据不同的应用需求进行图像处理、信息提取、图像解译和数据分析，建立遥感接收处理服务平台。建立三级级联、多级应用的水利视频集控体系，并与现有水利视频会议系统整合，实现全国水利视频联网。

4. 信息融合

建立多源和多尺度信息体系。即不同传感器、不同时空尺度的信息进行融合。数据融合最早应用于军事领域，现在数据融合的应用领域更加广泛，如多源影像复合、机器人和智能仪器系统、图像分析与理解、目标检测与跟踪、自动识别等。例如，在遥感领域，数据融合属于一种属性融合，它是将同一地区的多源遥感影像数据加以智能化合成，产生比单一信息源更精确、更完全、更可靠的估计和判断。相对于单源遥感影像数据，多源遥感影像数据所提供的信息具有冗余性、互补性、合作性和信息分层的结构性等特点。其实质是在统一地理坐标系中将对同一目标检测的多幅遥感图像数据采用一定的算法，生成一幅新的、更能有效表示该目标的图像信息。例如，5 m 分辨率的全色影像融合 10 m 分辨率的彩色影像，可得到 5 m 分辨率的彩色影像。

信息融合在水文预报与水利计算领域的最典型应用为：对地面雨量站、降雨雷达站和卫星遥感多源观测信息，进行数据同化，综合利用卡尔曼滤波校准、最优插值、变分校准和统计权重集成等方法进行分析融合，海量信息的综合应用以提高预报精度。

4.3.2 智慧水利的核心是知识

智慧水利中的多元信息中不仅包含数据，而且隐含着丰富的规律和知识，数据中的规律与知识并不是通过观测直接得出的，而是需要通过深度的挖掘与分析才能得到。由于水利信息庞大而复杂的特性，难以有效集成与管理、对其难以自动化处理与分析，尤其是涉及空间相关的数据挖掘难度很大。深刻理解与分析大数据中蕴含的规律和知识，需要全面认识、理解客观事物并运用知识、经验等解决实际问题。智慧水利的知识包括水文物理规律、降水径流等转化关系、水文气象要素预测预报，以及流域水文、水动力学、水环境等模型。知识的产生，除了传统的数理统计等方法外，大数据挖掘和人工智能等信息方法手段，是获取智慧水利知识的重要方法和手段。

1. 大数据

大数据（big data）是指无法用现有的软件工具提取、存储、搜索、共享、分析和处理的海量复杂的数据集合。大数据具有数据体量巨大、数据类型繁多（结构化和非结构化）、价值密度低（海量信息中有价值的信息可能很少）和更新速度快的特征。

水利活动产生和所需的数据规模巨大（历史水文气象要素的相关系列）、类型多样（水位、流量、土地利用数据、植被土壤类型数据、水利工程调度数据等）、增长迅速（实时监测更新），其获取、存储、管理、分析等方面均远超传统数据库软件工具的能力范围。水利数据完全符合大数据所具有的 4 个特性，可谓是大数据概念范畴当中的一个极具代表性的应用。例如，水文预报模型或预报方案，即通过历史产汇流规律的知识提取得到的降雨径流关系图（$P+P_a$ 与 R 的相关曲线）就是大数据在水文预报中的典型应用。当前水利大数据平台建设主要包括硬件架构、HDFS 分布式文件存储、Hadoop 架构、Spark 内存计算框架、NoSQL 非结构化数据库、MPP 分布式数据库、数据挖掘等若干关键技术。

2. 人工智能

美国斯坦福大学人工智能研究中心尼尔逊教授对人工智能的定义是：人工智能是“怎样表示知识以及怎样获得知识并使用知识的科学”。人工智能科学就是研究如何使计算机去做过去只有人才能做的智能工作。人工智能需要数据来建立其智能，没有大数据就没有人工智能。大数据是一种传统的计算方法（统计分析），它只是寻找结果，不会根据结果采取行动。相比之下，人工智能是一种计算形式，它允许机器执行认知功能，并根据执行的反应不断改变它们的行为，以适应执行结果的变化。

近些几年，围绕基于机器学习和深度学习等技术在水文领域的应用得到了长足进步。研究表明：深度学习等智能算法在水文遥感数据处理及信息提取、小流域水文预报模型区域参数化、山洪灾害影响因子识别与风险分析等方面均取得了一些优秀的成果。研究结果表明，人工智能在降雨预报、小流域遥感数据分类、洪水计算模型参数、洪水预报预警和洪水灾害风险评估等方面的研究和探索性应用具有很好的发展前景。

4.3.3　智慧水利的目的是能力提升

智慧水利的目的是业务水平和管理能力的提升，包括对水文属性多方面的感知能力，对水文现象、水资源关系范式合理性的辨析能力，对现实中的气象水文现象的模拟能力，对未来气候模式、经济社会模式下的预测能力以及综合智慧水利各方面信息应对实际问题的决策支持能力等。当前关于智慧水利亟须提升的方向主要包括：流域水模拟和预测预报、水工程安全分析和科学调度、水行政智能管理应用和水信息智能服务应用等。

1. 流域水模拟和预测预报

在流域洪水预报方面，需要研制具有物理基础的水文模拟模型，拓展模型的模拟要素和范围，在精细化模拟的基础上增强模拟能力；研究数值天气预报产品在水文预测预报中的应用，延长水文预报的预见期；研究基于不确定性分析评价的系统实时校正方法，以期提高预报精度。在水资源的管理应用方面，围绕最严格水资源管理制度落实、节水型社会建设、城乡供水安全保障等，构建流域尺度、行政区尺度的水资源模型，开发城乡供水、节水、调水等智能应用，实现水资源动态监管分析与精细化配置调度能力提升、城乡供水安全监管和应急处置能力提升等。在水环境水生态保护的智慧应用方面，围绕河湖长制、水域岸线管理、河道采沙监管、水土保持监测和监督治理等，构建江河湖泊、水土流失等水环境水生态的智能应用，提升河湖治理精准监管能力以及水环境水生态保护的能力。

2. 水工程安全分析和科学调度

围绕工程规划、建设管理、市场监管和工程运维等，构建水工程智能应用，模拟水利工程建设管理和水利工程安全运行，实现水利工程安全运行保障能力提升、水利工程生命周期管理能力提升等。

3. 水行政智能管理应用

依托智慧水利平台，实施监管信息预处理、行业监督稽查、安全生产监管、工程质量监督、项目稽查和监督决策支持等，构建水行政智能应用，实现资产智能监管、移民智能监管、项目智能规划和智慧机关建设等。

4. 水信息智能服务应用

加快政府供给向公众需求的转变，以社会公众服务为导向，实现公众感水知水能力的提升、社会节水护水人文素养的提升，以及政府管水治水服务水平的提升。

智慧水利依托现代化技术手段，全面建成水利信息基础感知体系，健全保障支撑环境，推动水利综合业务精细化管理，提升科学化决策调度管理水平，运用物联网、云计算、大数据等新一代信息通信技术，促进水利规划、工程建设、运行管理和社会服务的智慧化，提升水资源的利用效率和水旱灾害的防御能力，改善水环境和水生态，保障国家水安全和经济社会的可持续发展。

智慧水利是水利信息化发展的新阶段，也是水利现代化的具体体现。信息是智慧水利的基础，要高度重视信息的收集、监测和分析；知识是智慧水利的核心，要应用新的信息技术，加强信息的挖掘、提取和知识的积累；能力提升是智慧水利的目的，着重提升流域的监测能力、预测预报能力、调度决策能力和运行管理能力。智慧水利不能仅停留在概念和口号等表面上，要进一步重视信息源建设、信息系统基础设施建设和知识体系建设。智慧水利的发展不仅要依靠行业的科学规划和指导，还要靠各有关专业的科学家不断努力，共同促进水科学、计算机科学、地理科学、环境科学、数学和社会学等多学科的深度交叉融合，推动我国智慧水利的发展和进步。

智慧水利的重点任务是：构建天空地一体化水利感知网，完善全面互联高速可靠水利信息网，建设水利大脑，构建协同创新的智能应用体系和强化水利安全网络体系。特别是实现 5G 在实时监控中的应用，5G 在无人机巡航、应急抢险中的应用，5G 在 VR 巡检维护中的应用，5G 在大坝闸门自动控制系统中的应用等，5G 技术与传统水利相结合将有效加强监管能力、拓展监管范围、提升服务质量，推动水利由数字水利向智慧水利发展。

4.4 基于全生命周期的水电站智慧检修

针对水电站传统检修方式存在数据挖掘简单、检修策略粗略等不足，结合国家能源集团大渡河流域水电开发有限公司智慧检修探索经验，检修公司围绕水电站主设备全生命周期监测诊断和检修策略进行研究。从设备全生命周期管理角度提出对水轮发电机组动态自适应监测、数据挖掘、健康状态评价、趋势分析、故障预警等若干关键问题，基于时间序列分解模型的趋势预测，构建数学诊断模型，提高故障特征向量的准确度，实现发电机和水轮机两大旋转主设备的实时诊断及故障预测，评价设备健康状况，结合电力市场、水情、人员、物资等信息，自动给出机组检修策略，实现水电站智慧检修。

随着电力行业的发展，电网对发电设备安全稳定运行的要求越来越高，考核也越来越严，因此，各发电企业必须更加重视设备健康，尤其是主设备的健康度。水电站在电网中承担调峰、调频的任务越来越重，发电企业迫切需要通过科学高效的监测分析手段，提高故障诊断、故障预测及状态评估能力，优化生产及检修计划，满足电力生产安全稳定运行的要求，以此实现杜绝设备非计划停运、延长设备检修周期、减少检修费用，从而达到提高生产经营效益的目标。

传统的水轮发电机组检修方式有定期检修、状态检修和预知性维修。定期检修，指仅以时间间隔为依据对设备进行检修，容易产生“过度维修”问题，造成人力、财力、物力的浪费，甚至还会引发维修故障。状态检修或预知性维修，是以机械设备在线监测数据为依据，对当前健康状态进行评估，从而确定各机件的最佳维修时机。但状态检修不能对设备状态进行预测，不能综合电力市场、人力、物资等管理信息形成最优检修策略，并未得到真正推广。

水电站设备在投产初期和寿命末期的故障概率较大，而在寿命中期基本是运行可靠的稳定期，故障较少。如何准确判断水轮发电机组的运行状态，合理安排设备的检修，防止盲目检修、欠检修或过度检修，是水电站生产管理的一项重要任务。因此，探索一种新的检修模式，以针对水轮发电机组全生命周期中各个阶段健康状况、故障特点，结合实时在线监测数据挖掘分析，来制定相应的检修策略，以更加“智慧”的检修模式来代替传统模式下的定期检修管理模式，对电厂来说显得尤为重要。

水轮发电机组全生命周期管理对电力企业来说，设备全生命周期是指设备从决策、规划设计、制造安装、调试和试运行、运行运营（包括使用、维护、修理、改造和更新、调拨、调整），直至报废的全部过程。不同的生命周期阶段对应的主体不同，关注点也不同。如作为电厂设备运行单位来说，关注点是设备运行运营和报废等生命周期管理，做好设备使用、维护、修理、改造和更新、调拨、调整、报废。对于水轮发电机组来说，关键在于机组选型采购、安装验收、运维监测、检修技改、报废等各个环节，进行设备全生命过程控制，提高设备管控能力，优化检修策略，提升管理效益。智慧检修在水轮发电机组整个生命周期中可以参与的环节如图 4-1 所示。

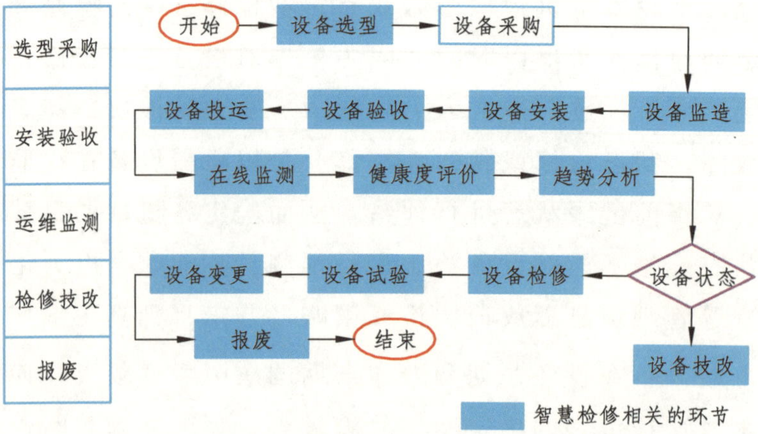

图 4-1 水轮发电机全生命周期管理流程

随着传感器、互联网、大数据、人工智能等技术的发展，通过移动互联网技术、物联网技术、信息化、云计算等先进技术对水轮发电机组生命周期各个环节进行数据挖掘、模型建立及数据分析，为水轮发电机组全生命周期管理尤其是智慧检修提供了可能。

实现智慧检修的前提之一是设备的全生命周期档案，记录设备的“过往今生”以及不同维度的信息，这是在线监测数据应解决的基础问题。随着“数字电力”建设的不断深入，数据挖掘技术也被引入电力系统分析中。数据挖掘是从海量的数据中发现潜在的、隐藏的模式和规律，分析数据的内在联系，为决策者提供有用的信息。传统的专家系统大多依赖于经验规则，而现在数据收集能力的大幅提升可以让数据分析与专家经验结合做出更准确的判断分析。数据挖掘相当于用人工智能克隆“专家能力”，以人工智能替代“专家智慧”。基于数据挖掘的专家系统集成了 IT 技术、算法科学以及经验知识为一体，通过对数据的在线收集、全包检索、机器学习构建了一个智能分析和决策系统。水轮发电机组数据挖掘，除需要传感器和采集设备外，还需要完成采集数据的汇聚、存储、加工和展示任务。数据挖掘流程图如图 4-2 所示。

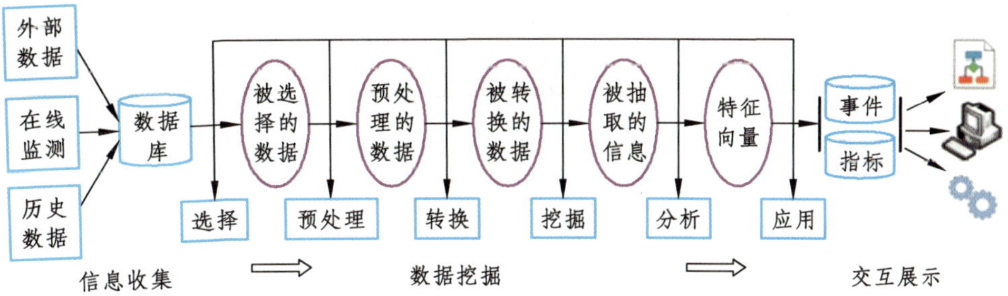

图 4-2　数据挖掘流程

在水电站自动化水平不断提高的前提下，国家能源集团大渡河流域水电开发有限公司提出“打造幸福大渡河、智慧大渡河，建设国际一流水电企业”的目标，智慧企业建设达到国际领先水平，对智慧检修进行积极探索。智慧检修是在状态检修的基础上进一步发展而来的，它与状态检修有着本质的区别。智慧检修能够结合当前健康状态对未来较长一段时间的设备状态进行预测，结合电力市场、人力、物资以及水情信息，自动生成最优的检修维护策略，并对检修过程实施管控，对设备修后质量自动进行评价。

智慧检修通过先进的状态监测和诊断、可靠性评价以及寿命预测手段来判断设备的健康状态，识别故障的早期征兆，对故障部位的严重程度、故障发展趋势做出判断，主要解决为什么检修、怎么检修、何时检修、过程控制和检修质量等关键问题，它是一种涵盖了技术和管理的水电站设备检修综合解决方案。智慧检修必须源于全面的数据信息掌握，包括全生命周期管理中各环节的数据信息，通过逻辑判断、智能控制策略、人工经验和专家系统等数据挖掘分析手段，对设备状态做出预测，结合经济考量，进行合理的时间安排，自动生成检修方案；并通过工业电视等对关键质量点进行见证，通过手机 APP 进行标准体系对照、检修过程安全技术措施落实把控等手段，对检修过程实施有效的监控管理，自动完成修后评价，进行策略反馈，生成智能报表，促使检修管理流程变革。智慧检修模型如图 4-3 所示。

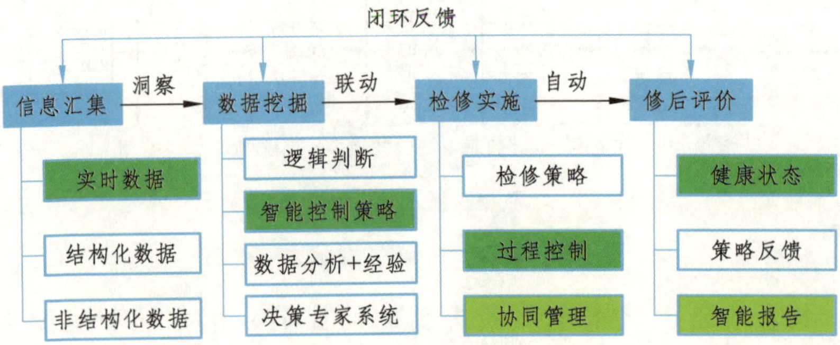

图 4-3　智慧检修模型

机组健康评价是以在线监测为基础，引入特征值健康的评价方法。采用数据挖掘技术，根据历史数据构建随环境参数自动调节的、科学合理的健康阈值，避免人为设定阈值的局限性。国家能源集团大渡河公司全生命周期理念的水轮发电机组主设备实时在线监测系统挖掘建立了发电机轴心、上下导瓦均载、主轴弯曲等反映主机健康状态的 44 个特征指标，能够全面地反映主机系统的健康状况。

对于长期连续运行的设备来说，发生设备故障大多数是一个缓慢的劣化过程。在劣化早期阶段，状态参数变化较小，不足以越限触发报警，无法满足故障提前预警的要求。还有部分指标量会随着时间、工况、环境的不同而出现不同的结果。比如机组振动，在夏天和冬天，监测值则不完全相同，因为两个季节冷却水温度不同，所以引起油温不同，导致钢结构体的热胀冷缩效应，从而促使振动的变化，或导致在最大振幅下要重新调节瓦隙，或者做水轮机组动平衡试验。传统监测手段无法做到智能实时监测和提前预警，而利用状态监测和故障诊断技术捕捉故障征兆则能做到早期预测和防范故障。

机组设备缺陷由于数据互通及发电企业管理理念的影响，难以或无法收集完整的缺陷样本，它不像下围棋，可以反复提供模拟实践机会；也不像人体药用疗效试验，可以找小白鼠进行试验或征集试验的职业人，机组设备没有机会去尝试或多次试验。因此，急需引进先进技术完成对设备的预警预测。智慧检修把水轮发电机组监测量的数值按一定的时间间隔排列即可得到该特征量数值的时间序列，引入时间序列分解模型，分析并区分影响特征量数值变化的因素；分别分析其对时间序列变动的规律，以揭示因机组潜在故障引起的长期趋势变化规律，并预测其未来发展趋势。

4.5 智慧水电企业的规划方案

智慧水电企业日常运营规划智慧能力的设计应分别从智慧核心业务能力、智慧职能能力、智慧服务能力和基础设施能力四个方向规划其具体的能力，对四种能力所对应的业务职能进行详细分解，以每个细分业务能力为对象，通过感知、分析、洞察的方式分别规划相应的智慧能力，最后给出整体的实施策略。

智慧水电企业的建立，将为国能大渡河水电企业提供包括触觉、神经、大脑在内完整的智能体系，进而提升企业面向未来的智慧功能。

整个智慧水电企业建设战略的实施是一项复杂的工作，根据企业现状和经营业务的特性，制定适合自身的智慧企业建设实施的策略。

智慧水电企业架构，可根据 TOGAF 架构设计理念和方法进行设计，主要包括以业务架构、信息系统架构、数据架构和技术架构为代表的内容部分，同时规划了架构管控体系，包括：标准体系、信息化管控体系、安全体系和运维体系。详细架构如图 4-4 所示。

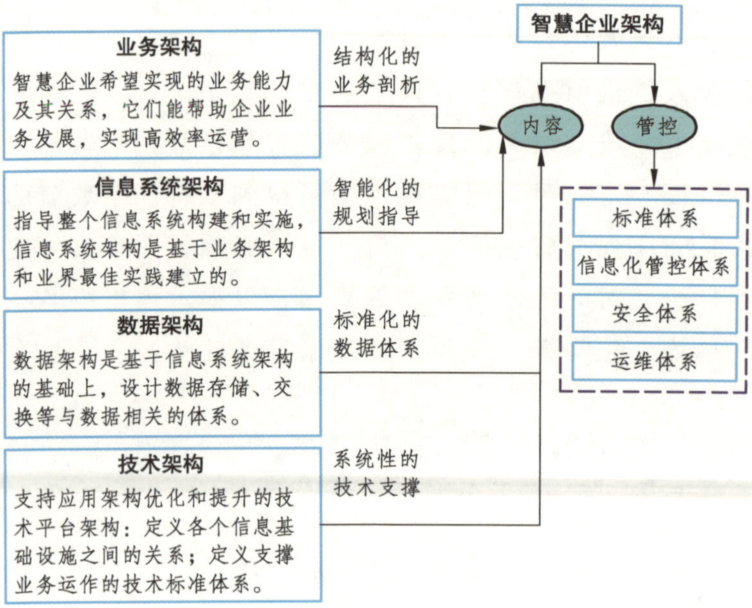

图 4-4　智慧水电企业整体架构设计

智慧水电企业业务架构定义的是在企业内部各要素组成部分所应具有的智慧框架和业务智慧能力，包括企业各个业务环节及企业整体需要具备的“智慧”能力。

大数据是支撑智慧企业落地的核心支撑手段之一。企业管理者借助大数据技术获取各种内外部信息，并进行分析和处理，根据分析结果即可迅速确定企业战略目标并制定实施策略。

智慧水电企业的构建不仅需要吸收一系列先进的新兴技术，同时更要注重各种技术之间的融合应用。这里的技术架构是智慧技术架构的框架结构，而不是具体技术的简单罗列。

智慧水电企业标准体系建设旨在有目标、有计划地建立起联系紧密、相互协调、层次分明的系列标准并予以贯彻实施，以指导和支撑不同行业企业智慧建设的总体规划和工程实施。标准体系的建设是一项专业工作，建议企业成立专项组织实施，由相关主管部门统筹指导，通过标准化组织、信息化主管部门以及外部专家之间的密切协作，积极研究智慧企业建设的共性需求，加强对现有相关信息、通信技术和应用领域标准化力量的协调，制定完善的智慧企业建设所需的基础设施、数据和服务支撑、生产运营、企业管理、安全、应用类标准，同时设计配套的标准综合应用指南。

智慧水电建设管控体系设计可以从管控模式、业务能力模型、组织体系、流程体系和标准制度五个方面入手。

智慧水电企业不但使企业的生产经营管理更加灵活和智能，而且能够给企业提供全方位的安全保障，降低潜在的安全风险，为企业在“智慧”的大海上保驾护航。通过建立全面风险管理体系，利用系统的、科学的方法对各类风险进行识别和分析，将风险应对措施落实到企业的制度、组织、流程和职能中。设备/设施安全主要指企业的生产设备和生产实施过程的安全。信息安全主要指采取有效的技术和管理手段，进行集中安全技术防护，提供鉴别认证、访问控制、加密技术、完整性保护、内容安全、响应恢复、审计跟踪和监测评估能力。

运维体系设计包含四个要素：人员、资源、技术和过程。

智慧水电企业的组织结构是一个三脑协同的结构，即企业脑、中心脑和单元脑。由企业高层管理者和其他最高决策制定者组成企业脑，其功能主要是为整个企业的发展做出分析、预测、决策；按区域、业务类别或矩阵式组织的团队组成中心脑，中心脑负责指挥各自负责区域的运营和资源配置；业务活动的每个环节就是一个单元脑。三脑之间协同配合，指挥智慧企业的高效运作。

随着以云大物联等为代表的数字技术的崛起，各个行业已身处数字化经济，新趋势大潮已经形成。企业需要尽快投身其中，并不断打造数字化能力，这也是智慧企业建设的必经之路。企业，尤其是传统企业向，数字化转型不是一蹴而就的，会面临许多挑战和风险。但这不是墨守成规的借口，企业必须加速转型。

国内14家央企在“十四五”期间均制定了数字化转型的路线图，积极进行数字化转型升级。如：

（1）中国铁物：第一步完成公司数字化整体布局，在线“数字铁物”运转顺畅。第二步对数字化能力持续完善，不断整合行业资源，构建良好数字生态。未来的目标是陆续建设并完善轨道交通数字化供应链服务平台、智慧物流平台及大宗商品交易电商三大平台。

（2）中国石油：在“十四五”期间，利用自动感知，实时采集油气产业链运行数据、全面互联网广泛获取内外部数据，利用人工智能、大数据分析等新技术，助力新产品研发和提高科研成功率，初步建成“数字中国石油”。

（3）中国石化：在“十四五”期间构建“数据+平台+应用”的新模式。大力推进数据中心、物联网、工业互联网等新型基础设施建设，建成覆盖全产业、支撑各领域业务创新的管理、生产、服务、金融“四朵云”，构建完善统一的数据治理与信息标准化、信息和数字化管控、网络安全“三大体系”，打造敏捷高效、稳定可靠的信息技术支撑和数字化服务“两大平台”（统称“432工程”），深化大数据、人工智能、5G、北斗等技术应用，推进各领域业务上云用数赋智，促进和引领技术创新、产业创新和商业模式创新等。

（4）中国华能：在“十四五”期间首先实现所有风电、光伏数据接入智慧能源数据平台，再以风电、光伏数据中心为基础，完成水电、燃机、火电、核电等数据接入，形成统一的智慧能源数据平台，最后全面实现数字化转型，作为国企改革三年行动重要成果。

（5）中国大唐：将“打造数字大唐，建设世界一流能源企业”，成为“广泛数字感知、多元信息集成、开放运营协同、智慧资源配置”的智慧能源生产商。

（6）中国华电：详细制订了数字化转型的 2025 行动计划，包括完善升级数字化底座，全面建设数字化应用和优化提升数字化价值；升级基础设施，加快自主可控应用，强化数据治理，实现生产管控智能化，建设两个智慧平台和增强管理协同；强化转型领导力，融合新一代信息技术，加快数字化转型推广，打造数字区域示范和数字板块示范。

（7）中国电建：通过“工程产品 + 服务”推动建造服务化转型，构建互利共赢融合发展的产业链生态圈，形成支撑服务工程建管运的大数据平台。

（8）中国海油：在数字化转型方面开展六项重点工作，包括：突出抓好“十四五”信息化规划和 2021 年度工作计划编制；突出抓好生产信息化建设，提高生产作业时效和安全保障能力；突出抓好渤海湾新一代融合通信基础设施，加快推动“新基建”；突出抓好数据标准建设，加强数据集成共享，构建一体化经营管理平台和共享服务平台；突出抓好海外信息化能力建设，加大海外 IT 共享服务支持力度，为集团海外业务发展提供有效管控手段；突出抓好业务系统应用，充分发挥电商平台等现有系统的应用实效。

（9）中广核：全面引入“云大物移智链”等新技术，加快智慧核电、智慧矿山、智慧新能源建设，实施云化战略，构建泛在互联、云端一体、灵活强大的坚实技术底座。

（10）国家电网：规划将建成具有中国特色、国际领先的能源互联网企业；进一步推进电网生产数字化，强化电网规划、建设、调度、运行、检修等全环节数字化管控，积极开展智慧车联网业务，搭建全球规模最大的智慧车联网平台，组建国网大数据中心；在技术攻关层面，加大电力芯片、人工智能、区块链、电力北斗等新技术攻关力度。

（11）南方电网：将以数字技术助推能源消费革命。建成投产一批“互联网+”智慧能源示范项目，以数字电网提升能源配置效率，以标准化工作抢占数字电网国际创新制高点，发展数字产业，助力提升能源产业链竞争力建设数字电网，以新型基础设施建设提升能源产业链价值，在数字政府、智慧城市、数据中心运营、通信资源共享、电动汽车充电基础设施等方面加大投资。2020年至2022年投入1 200亿元实施62个项目。

（12）国家电投：规划到2025年，基本建成综合智慧能源生态体系，数字化水平达到能源行业“国内领先”，到2035年，集团公司数字化水平达到能源行业“世界一流”，全面建成“数字国家电投”。

（13）华润集团：提出“智慧华润 2028”计划，全面推进数字化转型和智能化发展，在集团成立90周年（2028年）之际，初步实现智能化。数据资产、平台资产价值充分发挥，对外市场化赋能，创新能力大幅提升，进而成为数字化智慧化发展的先行者。

（14）国家能源集团：将着力打造“一体化集中管控、智能化高效协同、可视化高度融合”的协同调度智能化指挥平台，打造“全流程贯通、全产业链衔接、全场景监控”的工业互联网平台。

数字化转型是新生事物，很难找到相关成熟案例做参考。而国有企业大多是集团化经营，规模较大，数字化转型更需要自己探索。

企业数字化转型应涉及企业的业务、管理流程、人才和组织等各个方面，这是企业借助技术手段创造新的商业模式和新价值的过程。要有统一的愿景，从合规和战略的层面出发，通盘考虑业务、运营、人才、技术等多方面内容，转型才能落到实处，真正赋能业务促进创新和发展。

根据企业的不同情况，再根据外部市场环境、自身行业和企业业务发展情况、数字化现状，提前规划三至五年的数字化转型路线图。

综合运用转型的经典模式和敏捷模式，既有整体的数字化转型愿景和目标，又能小步快跑，提升创新能力。

在技术层面主要以“3T 融合”为手段进行数字化转型运营。

数字化要求企业变革旧的运营模式，目的是提升企业运营效率，包括流程效率、资产利用率、敏捷性和新成本模型，最终提高企业的毛利率和净收益。运营数字化，首先必须从战略上坚定进行流程数字化转型的信念，因为市场风云变幻，流程的随意切换可能会带来巨大风险。对于制造业来说，要以信息技术、工业技术和管理技术 3T 融合为手段，实现企业运营数字化转型。对于所有企业来说，公司均需要制定涵盖领导、人才、观念、文化、组织结构的全盘战略支撑数字化运营。

同时，以多触点为表现打造数字化渠道。在数字世界中，企业只有在每一个客户期望获取服务的地方创建更加智能、无缝、安全的渠道体系才能形成真正的市场预期。反过来，客户也期待获取的体验是无缝、持续、个性化和跨渠道式的，因此，企业应该建立线下、线上和移动等多种类型的服务获取渠道，从而打造全渠道多触点的客户体验。

智慧业务能力的实现最终要体现为具体的智慧应用，而智慧应用是建立在企业数字化基础之上的，是以云计算技术为支撑，以大数据和物联网等技术为重要手段，对建设过程实施精细化管理，构筑以数字化、智能化和协同网络化为特征的智慧应用。

智慧化转型的总体结构和框架如图 4-5 所示。

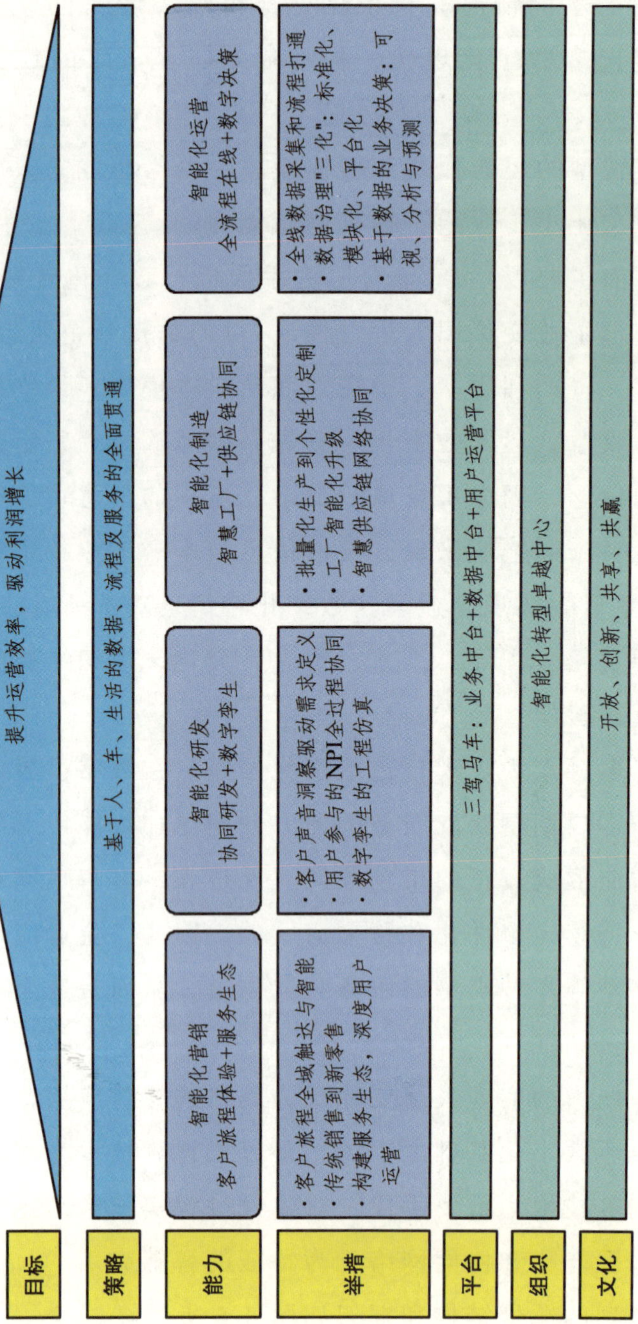

图 4-5　智慧化转型的总体结构和框架

智能化转型总体架构为 1 个目标、4 大智能化能力、3 大平台和 1 个转型推进组织，核心策略是用户、车辆和生活的全面贯通，培育企业互联网精神，即开放、创新、共享、共赢。

（1）目标：提升运营效率，驱动利润增长。

策略：基于人、车、生活的数据、流程及服务的全面贯通。

能力：

智能化营销 = 客户旅程体验 + 服务生态；

智能化研发 = 协同研发 + 数字孪生；

智能化制造 = 智慧工厂 + 供应链协同；

智能化运营 = 全流程在线 + 数字决策。

举措：

① 客户旅程全域触达与智慧、传统销售到新零售、构建服务生态，生态用户运营。

② 客户声音洞察驱动需求定义、用户参与的 NPI 全过程协同、数字孪生的工程仿真。

③ 批量化生产到个性化定制、工厂智能化升级、智慧供应链网络协同。

④ 全线数据采集和流程打通。

数据治理“三化”：标准化、模块化、平台化。

基于数据的业务决策：可视、分析与预测。

平台：三驾马车 = 业务中台 + 数据中心 + 用户运营平台。

组织：智能化转型卓越中心。

文化：开放、创新、共享、共赢。

业务：生产管理、质量管理、物流管理、设备管理、能源管理。

智能化转型总体目标为提升运营效率，驱动利润增长，通过实施 X Data 2025 计划，对于传统业务，目标定位在运营成本降低、人员效率提升和增加销售收入，新商业模式上主要在 2B 和 2C 两方面进行推进，不断提升新模式在总体收入结构的比例，并逐步成为新利润的主要来源。

（2）智能化转型总体策略：以用户为核心，以车辆服务为基础，强化企业核心经营，实现内外资源高效协同，打通人车生活服务生活，转型成服务企业。智能化转型总体策略图如图 4-6 所示。

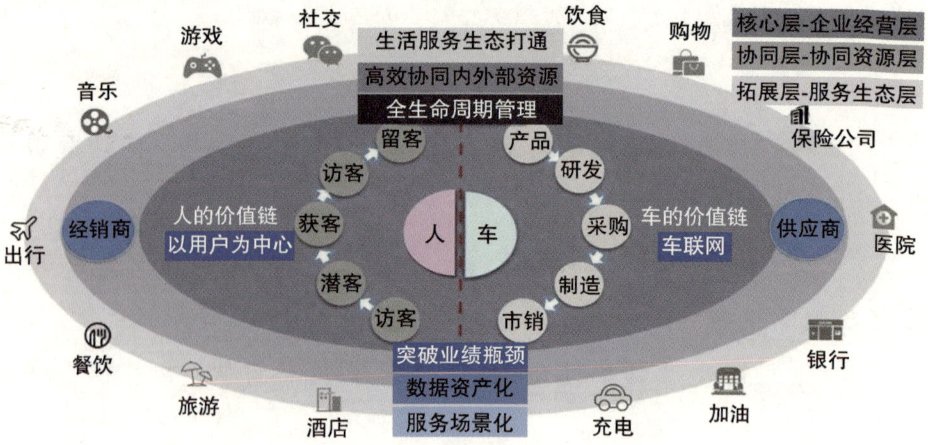

图 4-6　智能化转型总体策略图

业务需求：基于前期与整车各专业交流，整理形成业务需求表，整理维度与前面一致。

生产管理：

① 实时透明，构建生产要素全程透明化管理系统，及时掌握生产、物流、质量、设备、能源等信息；实现订单从提报到交付的全程透明。

② 自动排产及排产仿真，全面实现整车、KD、备件、冲压等自动排产管理。

③ 大数据分析技术，动态优化计划及结果。

④ 与供应链端的高效协同，减少总体库存及成本。

质量管理：

① 在线测量、自动检测，实时获取质量信息，并支持大数据分析。

② 实现一车一档管理，通过 VIN 号可完整地查询整理的生产履历、物料信息及设备操作信息等。

设备管理：

① 构建统一的设备综合管理平台，实现设备全生命周期管理及标准的设备集成管理方案。

② 实时实现与设备的参数交互，运行监控，动态掌握产线及设备的工作状态。

③ AR/VR 等远程调试及维修指导，便于及时解决生产现场的设备故障。

④ 设备的预测性维护保养，自动监控设备异常，及时预警及处理异常，保证较高的设备可动率。

⑤ 设备视觉自动涂胶及缺陷控制的应用。

能源管理：

① 建立统一的能源管理平台，实时采集及监控工厂能源信息。

② 动态分析能源使用情况，支持与计划排产系统集成，分析仿真能源利用情况。

监控管理：

① 实现生产、质量、设备、物流的全部异常呼叫覆盖，支持现场实时进行异常呼叫及升级。

② 实现关键工序及设备全程视频监控，便于质量问题的回溯及管控。

③ 电子围栏及异常分析，对异常情况进行自动发现及报警。

工艺管理：

① 工艺过程的全要素仿真，在设计阶段规避量产潜在的问题。

② 工艺文件与研发端实时集成，工艺文件可在关键工位及时展示及防错。

③ 工艺参数可以自动下发到工位，支持产线设备进行自动化作业。

④ 设置科学合理的工艺路线，避免复杂的内部转运及调度。

物流管理：

① 供应链的实时高效协同，全程透明作业，基于中央控制塔模式的物流管理。

② 科学合理的运输路径及配载计算，与厂区道口道闸的无缝对接和自动调度。

③ 自动化仓储及运输技术的应用，提高物流作业效率。

智能化：

① 基于5G的网络技术，覆盖整体工厂。

② 业务建设计划的输入，指导智能化建设计划的制订。

③ 数据中心的设置以及云资源的有效利用。

④ 信息安全管理，尤其对于工业互联网领域的信息安全，避免因遭受病毒攻击而产生重大的不良影响。

（3）总体业务蓝图。

总体业务蓝图设计包括计划层和执行层两个层面，如图4-7所示。

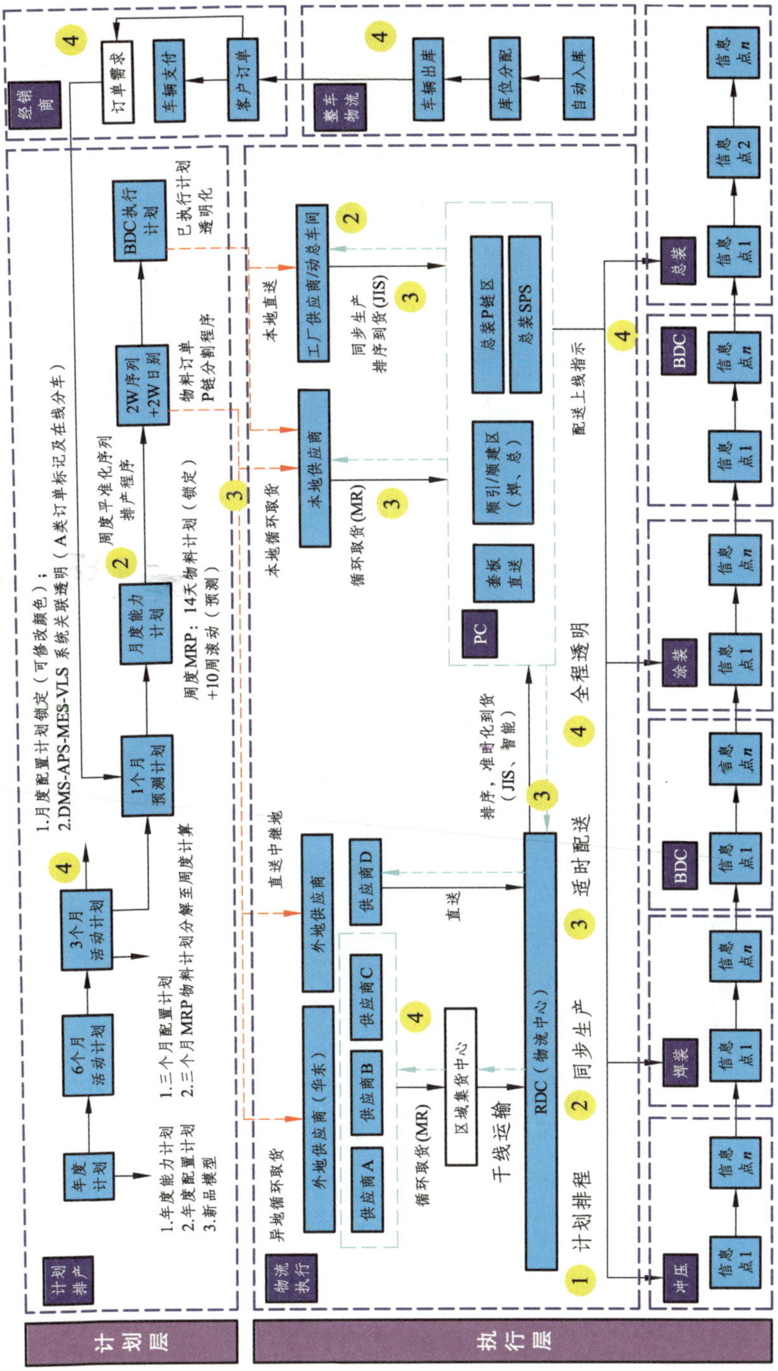
计划层
执行层
计划排产
物流执行
经销商
整车物流
年度计划
6个月活动计划
3个月活动计划
1个月预测计划
月度能力计划
2W序列 +2W日别
BDC执行计划
1.年度能力计划
2.年度配置计划
3.新品模型
1.三个月配置计划
2.三个月MRP物料计划分解至周度计算
1.月度配置计划锁定（可修改颜色）；
2.DMS-APS-MES-VLS 系统关联透明（A类订单标记及在线分车）
周度平准化序列排产程序
周度MRP：14天物料计划（锁定）+10周滚动（预测）
物料订单 P链分割程序
已执行计划透明化
订单需求
车辆支付
客户订单
车辆出库
库位分配
自动入库
异地循环取货
外地供应商（华东）
外地供应商
直送中继地
供应商A
供应商B
供应商C
供应商D
循环取货(MR)
区域集货中心
干线运输
直送
RDC（物流中心）
本地循环取货
本地供应商
循环取货(MR)
本地直送
工厂供应商/动态车间
同步生产 排序到货(JIS)
PC
套板直送
顺引/顺建区（焊、总）
总装P链区
总装SPS
排序，准时化到货（JIS、智能）
配送上线指示
1 计划排程　2 同步生产　3 适时配送　4 全程透明
冲压
焊装
涂装
总装
BDC
信息点1
信息点2
信息点n

图 4-7　总体业务蓝图

具体以运营、计划、执行、支持四层共十大业务模块对智能工厂进行总体业务员蓝图设计，实现端到端的有效集成，提升整体效能。

运营层以生产运营为中心；计划层包括产销协同、生产计划和物料计划；执行层含智能物流、智能制造和产品交付；支持层主要包括质量、财务、主数据、信息技术等。

（4）核心业务场景——生产运营中心。

需求要点：生产现场不透明，异常无法及时预警及响应；生产要素情况不能及时获取，效率低下；调度管理人员主要依靠经验，缺乏有效的数据支撑。

方案建议：利用智能化技术，将人机料法环测等要素面公全面集成，实现透明化管理；围绕 QCDS 等核心指标，时刻掌握当前最新信息及进展，发现偏差信息及时进行干预。

生产运营中心：

人——HPV、人员出勤、人员培训、人员技能等；

机——运行状态、技术参数、工艺防错、启停信息等；

料——短缺物料、库存信息、供应信息、质检信息等；

法——工艺文件、工艺参数、变更信息等；

环——温度、湿度、能源等；

测——工具管理、刀具管理等。

（5）核心业务场景——产销协同。

需求要点：统一平台管理各销售部门的整车、KD、备件需求计划；结合历史销量、市场预测、产品规划以及车型销售配置等大数据分析，加强销售预测的准确性。

方案建议：优化现有产销平衡方式，实现面向订单式的计划提报；全面管控影响计划排产的人机料法等因素，精细化管理方式；建立大数据分析平台进行市场销量的预测，提高预测能力。

（6）核心业务场景——生产计划。

需求要点：计划均衡性差，锁定周期短，导致对生产组织及供应链保障造成挑战；计划排产对操作人员经验及人工操作依赖较高，排产效率低下；供应链信息不透明，无法实现高效协同。

方案建议：构建全新的计划模式，实现三个月滚动预测及排产；实现集团层统一计划管控，基地负责生产计划执行；综合管理供应链能力，实现精准的计划指导与协同。

（7）核心业务场景——物料计划。

需求要点：BOM数据冗余，缺乏配置有效性的管理措施；定制化生产适应能力低下；多车型生产缺乏基于约束条件的科学高效排产；焊装、涂装、总装不具备有效的联动性；缺乏精准的物料需求计划，无法有效提高库存周转效率，也无法降低仓储空间，仓储利用率低。

方案建议：引入IS-AUTO解决方案，将研发BOM数据传输SAP系统IPPE模块进行处理；根据产销协同组织确认产销协同计划；增加P链物流方式，实现供应链库存的统一精细化管理。

（8）核心业务场景——智慧物流。

需求要点：

① 供应链平准化差，生产异常对供应链影响较大；

② 厂外运输管理缺乏有效手段实现优化作业；

③ 物流管理模式与先进车企存在一定差距；

④ 供应链不透明，无法及时获取信息及决策。

方案建议：

① 采用P链推式物流作业，精细化供应链管理；

② 提升物流运输、道口及作业的自动化、精益化，减少总体物流成本；

③ 物流控制塔及异常呼叫的应用，实现整体管控及物流大数据的分析应用。

核心业务智慧物流图如图4-8所示。

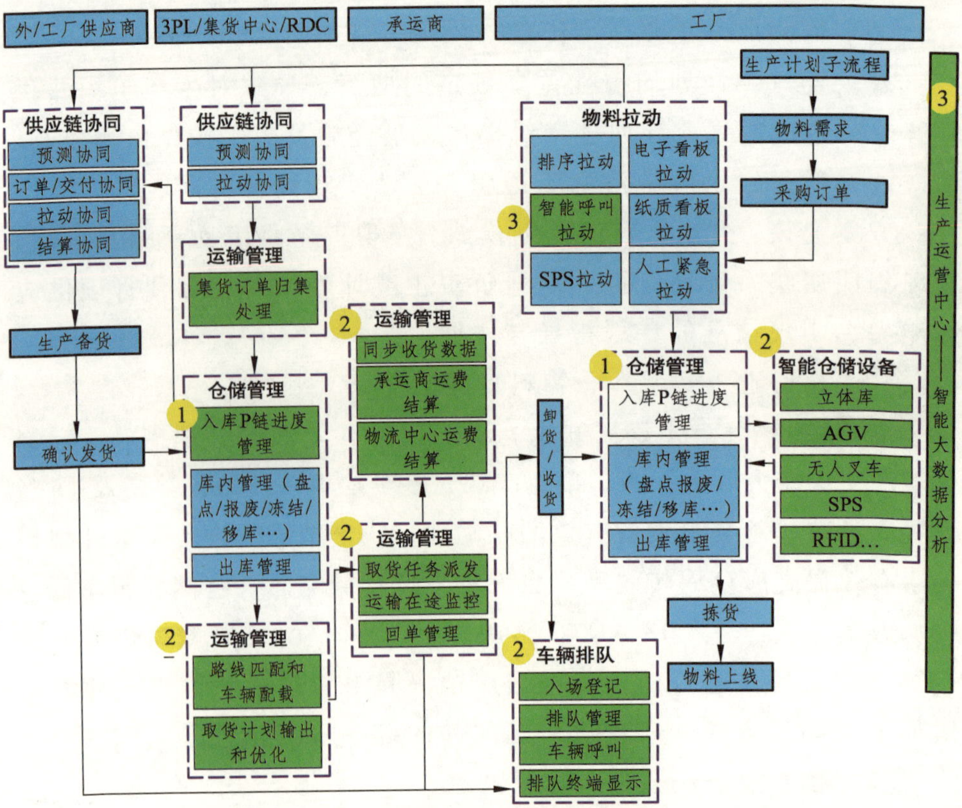

图 4-8　核心业务智慧物流图

（9）核心业务场景——智慧制造、包装、质量及设备。

需求要点：

① 包装计划及物料需求计划对人工依赖较高，效率较低；包装作业过程自动化水平不高，以传统作业模式为主，缺乏技术更新及行业领先性。

② 过程质量数据人工统计分析，效率低下；事后分析，无法实时在线管控；过程中的质量缺陷可追溯性差，难以及时有效地追溯。

③ 设备加工工艺参数单机、单类别维护步骤复杂，不便于管理；设备加工过程及结果参数分散存储，无法实时、集中查询；设备状态监控无全局、可视化工具支撑，预防性维护依赖于人为判断。

方案建议：

① 依托新建整体计划排产体系，实现包装作业自动化排产及物料需求计划自动化；增加作业现场自动化水平及新技术的应用，提升包装管理水平，保持行业领先水平。

② 对冲焊涂总过程质量进行全面管理，实时监控，自动预警和上传；生产过程、设备集成等质量信息与VIN匹配，实时采集、共享；一车一档，建立完整的整车质量档案，采取批次追溯与精确追溯相结合的方式，实现按照零部件进行质量追溯。

③ 建立标准设备集成接口规范和标准网络设备安全规范，基于规范进行设备数据采集与交互，实现设备状态实时监控、异常预警和预测性维护；AR/VR等新技术应用场景的设计，缩短设备故障处理时间，降低异常损失成本。

（10）核心业务场景——能源及数据系统。

需求要点：

① 能源数据采集手段落后，不能实时、智能监控；管理系统缺乏统一规划和建设；能源数据的分析利用与产能排班的支持关系薄弱。

② 以BOM系统作为产品数据为唯一源头，下发ERP系统；ERP作为核心业务系统，所有与BOM相关的主数据，下发到下游相关系统；执行类系统通过ERP主数据的下发进行应用。

方案建议：

① 构建能源管控模型及体系，动态监控车间能源和环境环保信息；能源数据采集及分析，制造成本优化提升；能源的节能回收管理。

② 建立三级数据源定义发布平台；以BOM结构为特性，实现可配置BOM；通过大数据平台进行数据定义和数据应用。

（11）以行业主流技术架构，进行全新构建制造、物流执行系统。

（12）零部件应用架构设计。

以互联统一、好用、经济的原则，运用协同云和智造云整体覆盖零部件的智能化需求，并与整个企业高效协同，打造全新供应链生态圈。

（13）核心应用系统功能规划——协同云。

协同平台围绕供应协同、客户协同、制造协同、财务协同、办公协同及其他智能化业务协同六大模块，以流程引擎的流转搭建协同功能，以可视化配置满足不同业务场景的要求，以智能化的数据中台展现管理数据，为企业在多业务领域的协同工作提供有力的支持。

① 供应协同：制造协同、订单协同、交货协同（物流、交付）、生产计划协同和采购协同（采购计划、采购申报）。

② 客户协同：收/发货服务（售前/后、客服）、财务对账（报表）、收款服务、订单协同、准入与销户。

③ 制造协同：制造订单/委托外部生产订单/采购订单、生产计划、实时库存。

④ 财务协同：不同维度财务流程数据分析、收入/支持款项记录汇总财务凭证自动生产。

⑤ 办公协同：员工协同、流程审批、费用申请报销、工作任务协同、无纸化办公和考勤。

⑥ 其他智能化协同：证明开具、电子商务、人力协同、知识库管理和租赁业务管理。

（14）核心应用系统功能规划——制造云。

企业可根据不同需要实施不同的模块，以满足智能制造转型不同阶段的要求。

① 计划管理：物流需求、库存计划、供应计划、采购计划、运输计划、成品计划生产计划和资源计划。

② 生产执行：工艺工序、点位配置、工单管理、调度派工、作业报工、过程质量返修维修和打印管理。

③ 质量管理：检验计划、检验报告、报检管理、质量控制、抽样管理、设备集成检验管理和 SPC。

④ 仓储管理：收货管理、上架作业、发货管理、拣货作业、库存盘点、包装管理、库内理货和库存移动。

⑤ 物流管理：配送计划、条码管理、AGV 集成、交互管理、直通配送、包装管理、容器管理和轨迹运算。

⑥ 供应商协同：需求管理、对外门户、需求展开、物料成分、拉动生产、齐套检查和配送拉动。

⑦ 能源管理：计量建模、能耗采集、能耗监控、能耗分析、成本管理、平衡和调度用能策略。

（15）智慧工厂总体架构设计。

智慧工厂是指以 5G 工业互联网建设为核心，通过“1 + 8”（1 个中心，8 大板块）模式，构建工厂江北工厂全场景智能化，打造智能化智慧工厂。

① 管理运营指挥中心：3D 数字指挥视图、AR 实景指挥视图、大数据运营中心、数据看板和节能环保监管。

② 工厂外围：周界防护、员工出入、访客进出、员工车辆和物流车辆。

③ 工厂公共：可视化管理、人员管理、车辆管理、设施管理、智能巡检和消防管理。

④ 工厂办公：人脸考勤、人脸门禁、能耗管理、会议管理和梯控管控。

⑤ 工厂管理：透明车间、生产巡检、人员合规、设备设施管理和环境安全管理。

⑥ 仓储管理：视频监管、防火管理、陌生人管理、进出管理和自动巡检。

⑦ 物流管理：物流车预约、智能调度、上/卸货监管、智能化月台和智能引导。

⑧ 宿舍管理：住宿管理、进出管理、智能缴费、滞留管理和人员未归预警。

⑨ 智慧服务：班车通行、食堂消费、智慧充电、停车管理和自助消费。

智慧工厂总体架构图如图 4-9 所示。

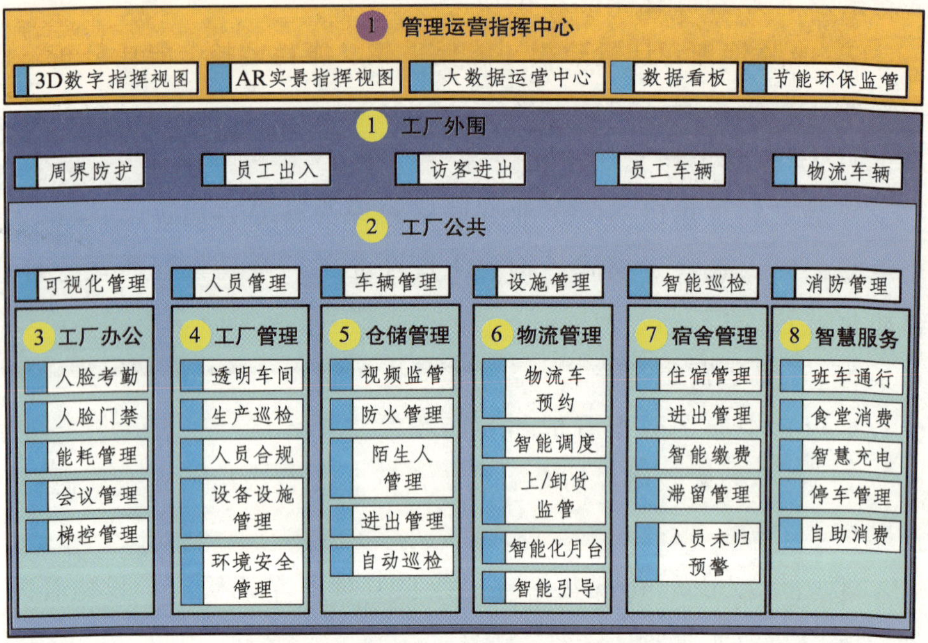

图 4-9 智慧工厂总体架构图

（16）核心应用功能规划——远程巡查。

通过 SOP（标准作业程序）模块进行远程 SOP 巡查以及总装流程可视化，为远程助理提供所需的资源和信息，确保日常职责中的各种做法和程序、生产策略、远程方案、生产规范、环境卫生等规范管理。

（17）基础网络总体架构设计。

基地与数据中心私有云、公有云、异地股份分支、外联单位安全稳定互联互通，对内、对外安全、可靠、统一，随时随地一致性的办公体验，支持工业互联网的扩展。

统一规划，发布标准，分步实施，基础网络覆盖工厂所有工厂及部件公司，工厂骨干弱电管道全厂覆盖，且采用多路由方式；工厂互联网出口统一纳入工厂中心机房，不设立出口，统一采用超融合架构支撑业务，降低维护及投资总成本；广域网区基于 SD-WAN 技术实现安全、高可用，业务按需调度，外联单位快速接入；办公、生产、安防、外联四网隔离；工厂网络基于 SDN VxLAN 技术实现大二层架构；策略随行，网随人动，同时实现全网无线覆盖；基于角色进行网络规划和地址分配，实现生产、营销、办公等多种专网逻辑隔离，降低投资成本；工厂网络自动化配置上线，减少部署和运维成本；无线与有线深度融合，统一平台管理。

（18）工业网络安全设计。

遵循等级保护 2.0、工业控制系统信息安全防护指南，构建工控安全防护体系，通过工业生产网络安全技术方案实施，提升标准工厂工业生产网络安全整体防御能力，保障标准工厂的稳定生产。

① 工控安全防护体系：工业生产网络安全技术方案。

② 工控安全保障、管理体系：安全管理制度、安全管理机构、安全管理人员、安全建设管理和安全运维管理。

③ 工控安全技术体系：安全物理环境、安全通信网络、安全区域边界、安全计算环境和安全管理中心。

④ 工控安全监测体系：根据系统安全需求，制定符合应用场景的安全检测规则，针对工控系统的异常攻击、异常流量、违规操作、

误操作、非法指令等异常行为进行实时监测，并对安全事件详情进行记录和报文留存，为安全事件调查提供基础依据，做到事前预警、事中监控和事后追溯。

⑤ 工控安全响应体系：根据工控安全监测结果，及时做出应急处理响应，发出报警信号，上报各级管理部门，并记录事件发生及处理信息，减轻或消除突发事件的危害和影响。

（19）工业 4.0 成熟度模型。

从智能化到认知化，智能化是智能制造的基础，按照成熟度模型分析 CJR 正处于智能化工厂阶段。

① 信息化工厂、两化融合：信息化与工业化融合、产品全生命周期管理。

② 智能化工厂、人机交互：利用物联网技术和监控技术加强信息管理服务，高生产过程可控性、减少生产线人工干预，以及合理计划排程，构建高效、节能、绿色、环保、舒适的人性化工厂。

③ 计算机化：计算机化提供了智能化的基础、多数机器不具备数字接口，需要升级换代。

④ 连接性：打通系统间信息壁垒，智能化和 OT 系统各部分通过物联网平台和数据总线实现连通性。

⑤ 可见性：传感器获取大量数据节点并记录完整的事件和状态。

⑥ 透明性：使用工程知识基于数据进行 RCA 解释数字孪生的交互，并生产认知和洞察、语义链接和数据汇集为复杂和快速决策提供过程认知，此时是人工智能的分析。

⑦ 预测性：将数字孪生投射到未来场景，通过对未来的不同模拟进行预测分析，此时是人工智能的预测。

⑧ 适应性：基于预测能力开展自动化行为与决策、持续的适应性使企业向智能化系统授权适当决策的能力，以便适应变化多端的经营环境、从单独过程的自动化到多过程、多系统的复杂认知流程自动化。

4.6 智慧水电检修定位

4.6.1 状态检修概述

水电站机电设备检修技术的发展大致可以分为：事故检修→定期检修→状态检修。其中，状态检修方式起源于20世纪60年代美国航空工业飞行器的设备检修工作中，80年代又在核工业中得到推广应用，并很快发展到电力工业的电力设备检修中。国内外一些电力企业应用电力设备状态检修的实践均可证明，这种设备检修管理策略具有明显的社会效益和经济效益。以下是几种主要检修方式的定义：

（1）故障检修RTF（Run Till Failure）：在已出现故障后，为把设备恢复到可完成要求功能的状态而进行的检修，即在故障发生后才进行检修。

（2）定期计划检修TBM（Time Based Maintenance）：按照检修规程的要求，在到达规定的大修年限前，无论设备有无大的缺陷或是否安全正常，均按时大修，大修间隔为3～5年。检修工作的内容与周期都是预先制定的，设备通过定期检修，周期性地恢复至接近新设备的状态。

（3）预防性检修PM（Preventive Maintenance）：在预定的停机时间或按照规定实施的、旨在降低故障的可能性或功能劣化的检修。即在故障发生之前或功能明显劣化之前进行的检修，以预防故障的发生。

（4）状态检修CBM（Condition Based Maintenance）：通过先进的监测分析工具和方法，对机组的运行状态进行检测、记录和分析，采用在线或离线故障诊断系统，尤其是专家系统等，对机组现存状态做出科学评估和趋势分析预测，从而合理地确定机组大修的必要性和时间。状态检修是近20年来发展起来的新型技术和管理模式。

（5）以可靠性为中心的检修RCM（Reliability Centered Maintenance）：围绕可靠性这一设备的重要状态特征开展的检修活动，努力使设备规定的功能保持正常。通过一套特殊的程序为设备和零件确定有效的、经济的预防检修任务，并规定检修或监测间隔的一种系统方法。首先选择要进行分析的系统，明确系统的边界和功能，进行故障模式、后果、逻辑树分析等，最后确定合适的检修策略。RCM是状态检修的发展和完善。

状态检修的目的：定期计划检修是目前能够采用的有效防止或延迟故障发生的重要检修手段。定期计划检修在为避免突发故障造成巨大损失方面发挥了积极的作用，也是目前必须采用的有效检修手段。但定期检修与先进的检修方式相比存在诸多弊病，如：不科学，检修的盲目性大，缺陷和故障不明确，只能在拆解中检查到什么缺陷再予以维修或更换，且受到轮换性备品的存储和备品到货期限的限制，以至于多数情况下设备还要继续带病运行一段时间；经济性低下，到期必修，可能会造成人力、财力、物力的浪费；对无大缺陷部件反复拆卸，反而对设备的使用寿命不利。

为克服以上计划检修的弊病，实现优化检修策略，提高等效可用系数，杜绝或减少非计划停运，降低财力、物力支出即为实施状态检修的目的。

实施状态检修的基本条件和原则：

（1）实施状态检修的基本条件：电力系统要有足够的备用容量；机组或设备健康状况良好；机组或设备必须进行可靠的安全性评价；实施状态检修的机组或设备必须制定有效的故障应急预案。

（2）实施状态检修的原则是在保证电网安全的前提下，坚持

“总体规划，分步实施，先行试点，逐步推进”的原则，并从以下几点具体选择实施状态检修的机组或设备：

① 安全性。首先考虑对机组、系统和对人身的安全影响较大的设备。

② 可靠性。选择对机组运行可靠性影响大的设备。

③ 高效性。选择对机组运行效率影响大的系统或设备。

④ 费用考虑。选择设备价值量高、作用重大的设备。

⑤ 其他因素。设备损坏的模式、设备损坏的频率等。

初级阶段实施状态检修的基本策略：

（1）明确目标、统一认识。

初级阶段实施状态检修应在现行检修体制的基础上，根据不同设备的重要性、可控性和可维修性，科学合理地选择不同的检修方式，形成一整套融故障检修、定期检修、状态检修等为一体的优化检修模式。初级阶段实施状态检修宜采用适合企业现状、适应当前生产技术水平的状态监测手段，并采取逐步增大实施状态检修设备比重的方法。

（2）以“点检定修”为基础，稳步推进状态检修。

① 点检定修是状态检修的初级形式。点检定修制是在设备使用阶段，以点检为核心的设备检修管理体制。设备点检是利用人的感官或简单的仪表工具，按照标准，定点定期地对设备进行检查，发现设备的异常和隐患，掌握故障的初期信息，及时采取对策，将故障消灭在萌芽状态的一种管理办法，是设备实施状态检修的初级形式。

通过点检人员对设备进行点检作业，能较准确地掌握设备的状态，采取早期防范设备劣化的措施，实行有效的预防计划检修措施，降低检修成本。

② 实行全员管理检修模式。全员管理是点检工作的基础，也是点检制的基本特征。实行运行人员的日常点检、专业点检员的定期点检和专业技术人员的精密点检“三位一体”的点检作业，三个方面的人员对同一设备进行检查、诊断和管理。

专职点检员按区域分工进行管理，各专业的专职点检员按工作量实行区域分工负责制。这是点检制的实体、核心和点检活动主体。

③ 点检员是管理者。点检制的精髓在于管理职能下移，设备管理的全部职能按区域分工的原则落实到点检员。点检员是设备检修的责任者、组织者和管理者。点检员负责点检计划、点检标准的编制和修订、检修计划编制、检修工程管理、预算管理等。

④ 点检是一整套科学的管理工程，是按照严密的规程标准进行管理的。点检制把传统的静态管理办法推进到动态管理办法，点检发现的问题，随时可根据经济性、可能性安排到定期检修计划中加以处理，减少检修的盲目性。

（3）完善状态检修基础管理。

① 对试点机组或设备进行安全性评估。这就需要每台设备都具有完整的原始技术档案，如：设备出厂合格证、出厂试验记录，设备使用说明书，安装交接有关资料，设备改进、大小修施工记录及竣工报告，历年大修及定期预防性试验报告，设备事故、障碍及运行分析专题报告，设备缺陷记录，设备移动情况记录，设备改造记录等。

根据安全性评价依据对以上技术资料进行查评后，可得出设备较为科学、全面的安全性评估结果。

② 利用计算机监控系统和现有在线监测装置广泛收集设备状态信息，对于没有连续状态信息记录的设备可用离线试验仪器定期或不定期地进行测试。目前所需监测的参量尚无统一的标准和规定，

宜根据机组的实际状况，借鉴其他电站的成功经验，不追求大而全，这是稳步推进初级状态检修的有效途径。

③ 建立较完整的已发生设备故障记录分析数据库。同类或近类设备故障记录及分析是进行状态检修的有力判据，其中故障发生前的设备状态信息是必然事件发生的条件，这些信息包括：设备投运以来的负载、运行超标情况、缺陷记录、运行中出现的各种异常情况、历次设备的检修记录和预防性试验等。故障分析是一种基于猜测的可能和判断，也是必然事件发生的条件之一。数据库宜方便快速查询和对比，以便及时对设备进行判断。

从国外的实践来看，要实现状态检修，必须抓好三个方面的工作：一是设备信息的掌握，如原始数据、历史数据、家族数据、当前数据；二是综合状态诊断，包括规程、导则、专家系统、智能系统；三是检修管理，含软件系统、规程、结果反馈。

状态检修对政策、规程、标准的要求如下：

（1）实施机组或设备的状态检修，应取消试点机组或设备的指令性计划检修，而改为指导性的计划检修，将故障检修、预防性检修、定期计划检修、状态检修有机结合起来，逐步过渡到以状态检修为主的主动检修模式。具体可参照如下方法：

第一步，把一台设备历次的检修及试验结果作纵向比较，与同类型设备的检修及试验结果做横向比较，并与规程的要求值相比较，对设备运行状态做出准确判断。

第二步，依据比较及判断结果，对于设备状态良好者，则不必进行当年内的计划检修，设备可继续投入运行。

第三步，判断设备状态不良时，应及时检修，消除设备的隐患。必要时应根据设备结构的特点和平时缺陷记录的情况，尽量分解各个部件，分别试验，进一步查明缺陷的部位，同时必须确保检修质量。

最后，对一时难以确认状态的设备，可根据设备的重要程度，采取缩短试验周期、加强监视的方法做进一步的观察，通过故障预想和故障分析，采取相应的应急预案作为保障措施。

（2）实施状态检修要在剖析现行各专业规程的基础上，结合设备现状制定出一个可靠、有效、客观的指导性文件。如对专业规程规定的技术条件、标准、工艺等原则上要执行，而对设备检修的“周期规定”要逐步改革，并对检修内容及方法进行改进。

（3）对事故责任的追究亦应做客观而合理的改变，使之有利于状态检修的试行和逐步发展，并在实践中积累经验，完善制度。具体做法是：

① 建立适应状态检修的管理机制。应由经营管理水电站的业主牵头，成立运营、检修、监测试验人员、专家组参加的设备状态分析和诊断机构，并落实机构各方面的职责、职权，用各方科学决策负责制取代现行的事故责任追究制。

② 参管水电站运营、检修维护和监测试验的企业，根据自身的技术力量和经营管理水平，按照设备状态分析、诊断机构的统一决策，实施水电站机组的检修规模和项目。

③ 由经营管理水电站的业主根据多年计划检修费用情况，提出当年检修的费用目标、安全目标、可靠性指标等。在实现上述目标、指标的基础上，业主和状态检修参与各方可就目标费用与实际费用差额及增加效益部分提成，以达到各方承担相应风险和收益的目的。

状态检修在线监测技术和方法简介如下：

状态信息的获取是实施状态检修的关键，否则，不可能实施状态检修。具体采用哪些技术和方法获取状态信息，应根据设备的特点和损坏模式进行确定，可以是在线监测系统或巡回检测系统，也可以是离线或定期的试验分析。目前较为成熟的在线监测技术和方法有：

（1）变压器的在线监测。

① 变压器油中气体的在线监测：利用真空泵抽取溶解的气体，用红外光谱分析 CH_4、CO、CO_2、C_2H_6 和 C_2H_2 的气体浓度，用一个氧化物的电化学传感器测量 H_2 的浓度。

② 变压器局部放电在线监测：一方面利用变压器内部局部放电产生的电脉冲信号的检测来确定局部放电的大小；另一方面利用局部放电产生的声信号，用三个超声波传感器来确定放电声源的位置，从而实现变压器局部放电的检测和定位。

③ 其他参数的在线监测：铁心多点接地、套管的介质损耗、分接开关的机械故障、变压器绝缘老化程度等在线监测技术都有不同程度的应用。

（2）旋转电机的在线监测。

① 定子绕组局部放电在线监测方法有：中性点耦合法、便携式电容耦合法、局部放电仪法等。

② 转子绕组匝间短路在线监测方法有：微分探测线圈动测法和环流检测法。

③ 励磁系统在线监测有：紫外线换向火花监测和集点环火花电磁辐射能监测。

（3）断路器绝缘状态在线监测技术有：介损、漏电流和局放监测，灭弧室故障监测和机械故障监测。

（4）GIS 局部放电在线监测。

① 局部放电的电气检测方法有：超高频法、电磁耦合法、静电结合法和外设电极法。

② 局部放电的非电气检测方法有：利用局部放电产生的非电信息，如声波、光波、振动、发热等信息诊断局部放电。

（5）氧化锌避雷器在线监测方法有：全电流法、阻性电流分量法、功率损耗法和元件温度法。

（6）水电站电气设备温度的红外测温及热成像仪监测。

① 监测变压器接头接触不良、松动，套管内部过热，箱体温度变化异常等。

② 检查断路器和隔离开关触头、导电回路是否接触不良发热，外部连接是否松动、接触不良和发热异常。

③ 检查避雷器内部放电间隙和放电电阻元件是否有故障过热。用热成像仪检查一组三相避雷器的热像图，通过比较发现内部间隙、电阻的内部过热。

（7）水轮发电机组机械故障诊断在线监测系统。

① 监测的参数有：机组主轴摆度；机架水平、垂直振动，顶盖水平、垂直振动，压力钢管、蜗壳、顶盖、尾水管压力脉动等，有功功率、无功功率，机组断路器和励磁开关状态，轴瓦温度，接力器行程、抬机量等。

② 系统主要功能：在线状态信息自动记录功能，实时状态监测、报警，多种信号分析功能，工况的趋势分析功能，稳定性性能分析，启停机和甩负荷过程自动记录和分析，在线自动诊断功能等。

（8）发电机气隙监测方法有平板电容传感器气隙监测和光电气隙监测。主要功能包括：测量定转子静态气隙变化，转子变形和滑移，定子膨胀的不均匀度，启停机过程中的动态分析，特殊工况下的动态气隙等。

（9）水电站计算机监控系统是机组在线监测状态信息的宝库。计算机监控系统的功能之一就是采集和处理机组重要装置设备的运行档案、各种运行参数、故障记录、历史数据的存储和管理等。

（2）对水电站重点部位进行检修的主要方法。

① 充分利用设备的原始材料。水电站设备原始材料的积累是实现科学合理维护的重要依据。因此，有必要详细记录设备运行的实时状态数据，加强管理，定期进行测试，动员各方技术力量进行全面系统性分析，最后用科学的态度判断设备的运行状态，确保水电站设备维护工作的针对性。

② 建立完善的设备监控系统。为了将统计信息应用于设备的预测状态，需了解统计数据和设备单元状态参数信息之间的关系。在对水电站设备进行检修时，需要统计设备单元的运行时间、发电量以及上电和停机次数。可以看出，虽然部分设备已达到检测周期，但和其他类似类型的设备相比，其运行时间相对较短，因此可以适当延长设备的检查时间。对于尚未达到检测周期的设备，但其运行时间又长于设备的计划时间，则适合提前检修，以便及时发现设备中的问题，并及时处理予以解决，以防止发生设备障碍事件。另外，一些装置可以安装在水电站的单元设备中，例如在线监测型装置、振动摆动测量装置、温度测量装置、定子和转子间隙测量装置，以及压力测量装置，有利于设备的实时监控。设备运行后，可以尽快处理。例如，2012 年，在某水电站的一个单位调速器运行期间，发生了多次“嘀嗒”声，影响了该单元的安全稳定运行。通过安装相应的跟踪监控装置，水电站掌握单元操作的状态和变化规律，找出故障的根本原因，并采用小修复方法对其及时有效地处理，最后使水电站运行一般。

③ 增加设备的维护频率。水电站设备的定期维护是确保设备安全稳定运行的重要途径。设备维护质量直接影响设备的使用寿命。例如，涡轮机油的处理、吹灰、润滑和设备的旋转均是维护工作的领域。另外，由于水电站机组是进口或合资型产品，对油品质量要

求很高。因此，采用现场循环油过滤的方法来改善油品质量，促使设备故障率明显降低，设备的安全性和可靠性水平提高，使用寿命更长，设备输出功率增加。通过增加设备的维护和维护频率，及时发现设备中的缺陷并予以及时处理，以达到“大缺陷变小缺陷，小缺陷变无缺陷”的效果，确保设备安全、稳定运行状态。

近年来，中国的水电站设备检查工作已从以前的人工检查方法改为现行的设备检查和人工检查。先前计划的维护方法正朝着实时状态维护方法发展，实现系统化监测系统，更能有效地发现设备出现的问题。水电站设备的运行是出于消除故障的目的，因此为了有效保证水电站设备的安全运行和维护，有必要对降低设备维护的可行性进行判断和分析，在降低维护成本的前提下，采取积极、有效、科学的维护方法，在提高企业效益以及提高设备利用率的前提下，采用有效的方法开展检修工作。

4.6.2 智慧检修基本概念

智慧检修是以“同步监控、动态分析、智能诊断、自主决策”为目标，聚焦设备状态参数大数据挖掘，实时评价设备健康状态、预警预判设备运行风险，智能决策设备检修方案，自我配置各种生产要素，实现检修管理手段由计划性检修、事后检修向精准检修、预测检修演进，是一种具有柔性组织形态的设备检修管理新模式。

4.6.3 智慧检修主要特征

一是更加注重数据驱动。智慧检修充分利用大数据挖掘技术，用设备健康指标量来分析诊断设备潜在的故障，打破传统靠经验计划检修模式，实现精准检修和预测检修。

二是更加注重人机互动。智慧检修将网络化、数字化、智能化深度融合，强调人机互动，在新常态下打造高度人机协同的自动管理新模式。

三是更加注重集中管控。智慧检修全面整合以往分散的检修业务，消除业务间信息不通、数据孤岛的壁垒，从而形成具有柔性管理特点的集中管控模式。

4.6.4 智慧检修建设目标

智慧检修以实现设备的“同步监控、动态分析、智能诊断、自主决策”为目标。

同步监控，即统筹考虑数据采集内容和传输通道，建成检修中心统一的数据存储和共享平台。根据日常业务需求，采集各类运行数据，建成检修中心全景监视中心。

动态分析，即开发基于数据仓库模式的智能应用工具，对数据之间的关联和隐含信息进行深度挖掘。

智能诊断，即通过对设备运行大数据深度挖掘和动态分析后，自动给出诊断结果和检修策略。

自主决策，即自动生成检修方案，进行检修决策、方案审定、调配物资工器具及备品备件，集控检修管理工作，实现人与机、人与人互联。

4.6.5 智慧检修管控模型

智慧检修强化数据驱动管理，引领设备检修管理模式不断变革和创新。智慧检修管控模型如图4-10所示。

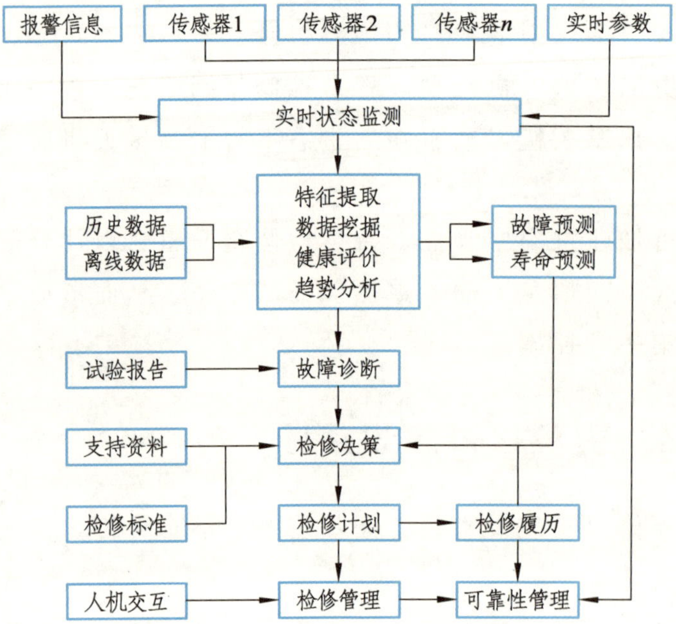

图 4-10　智慧检修管控模型

4.6.6　智慧检修关键路径

智慧企业建设的关键路径是“业务量化、集成集中、统一平台、智能协同”。智慧检修建设应在纯数据驱动、全方位监控、多系统联动方面遵守以下路径：

1. 规约标准化

为了避免因规约不统一、不标准而造成不同厂家传感器数据的功能模块无法互联、数据格式有所不同等问题，要求当前各种系统的通信规约、数据格式、模型架构和接口规范，并在未制定统一标准而厂家技术壁垒问题严重的领域，主动制定一批成熟、兼容、通用的规约和标准，用以对通信规约、数据格式、模型架构和接口规范等项进行限制，确保不同厂家提供的同类系统以及各系统之间能够有效互联，以及保证未来新建功能模块能有效接入系统中。

2. 平台统一化

根据各级运行管理人员对设备信息和管理信息查阅的需求，统一安排数据采集内容和设备，安排数据经由网络传输至主站，消除数据采集重复、通道繁杂、维护困难等问题。同时，在新系统中建设检修中心统一的数据存储模块，在汇聚全部运行、设备信息的基础上，按照部门需求实现可定义的数据编组、订阅、分发服务，使得各部门只需与统一的数据平台进行接口连接即可获得所需形式和内容数据，实现统一数据中心职能，为设备状态实时监控、智能分析等应用的开展奠定基础。

3. 预警智能化

根据各级运行管理人员对于日常业务开展的需求，在统一显示界面和数据源的基础上，将数据服务、网络服务、告警服务、界面服务等通用服务项目归并于智慧检修中心平台之上，而各功能模块仅专注于设备监视和设备状态分析功能，从而降低软硬件维护开销，提高运行人员工作效率。利用各专业、各系统数据集中存储的便利条件，以数据中心的方式对同构或异构的数据库进行统一管理，按照自定义的主题抽取多个库中的数据，开发诸如设备状态多维度分析和评价功能、专家诊断系统等，全面提升检修中心的运维管理能力。

4. 管理高效化

检修管理系统按照“互联网+智慧检修”的建设思路，构建纵向贯通、横向集成的流域级检修管理平台，重点开发并建成设备检修工作通知、实施、流程审批、作业审批汇报、电子签章的全程电子化操作，实现检修报告电子化生成、检修工作竣工报告电子化生成，以及建立完善的检修设备库、检修知识库、标准作业库和标准业务流程工序卡。建设 Android、苹果 iOS 智能手机的信息管理系统 APP，最终建成一套真正的“电子化、智慧化、可追溯化”的信息管理系统，全面实现上下信息渠道畅通和数据共享与应用。

4.6.7 智慧检修总体架构

智慧检修按照“一三一”的总体架构模式进行建设，即“一个平台、三个系统、一个中心”。智慧检修总体架构如图 4-11 所示。

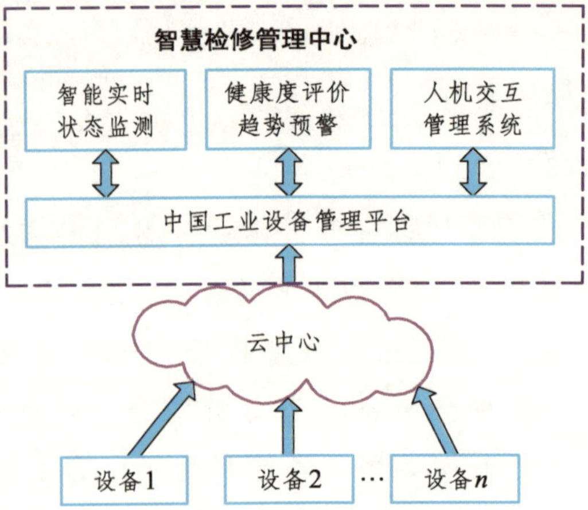

图 4-11 智慧检修总体架构

“一个平台”是指建设一个中国工业设备管理平台，强化物联网建设，对各类专业设备信息进行集中数据标准化收集、存储和开发应用。

“三个系统”是指开发智能实时状态监测系统、健康度评价及趋势预警系统和人机交互管理系统。智能实时监测系统从公司云中心读取数据，提取特征值，对设备各个部件的状态进行实时监测和在线故障分析，自动预判潜在风险。健康度评价及趋势预警系统采用历史数据建模技术的机器学习引擎，通过对历史工况的大数据分析和算法计算，实现对设备整体的健康、安全、性能等状态预测分析和故障早期预警，自主决策检修建议。人机交互管理系统及时推送异常信息给相关管理人员，自动生成工作任务、检修方案、工序卡等文件包，科学指导、管理和监督检修作业，实现人与机、人与人互联，达到检修管理自我演进的目的。

“一个中心”指建设一个智慧检修管理中心，配备工程师站，分析设备故障信息，进行检修决策、方案审定、调配物资工器具及备品备件，集控检修管理工作。

上述“一平台”和“三系统”关注数字化、网络化、智能化和在此基础上形成的物与物的连接，“一中心”更加注重人的因素，关注物与人的互联互通。智慧检修强调数据驱动管理，采用技术创新和管理创新的两轮驱动模式，将信息技术、工业技术和管理技术深度融合，实现“智慧”的检修管理。

第5章 大渡河流域智慧检修蓝图

国家能源集团大渡河流域水电开发有限公司是集水电开发建设与运营管理于一体的大型流域水电开发公司，为世界500强国家能源投资集团有限责任公司所属特一类企业。公司于2000年11月在成都市高新区注册成立，公司股东分别为集团公司系统（占90%）和四川川投能源股份有限公司（占 10%）。公司的主要任务是对四川大渡河和西藏帕隆藏布流域水电资源实施“流域、梯级、滚动、综合”开发利用，为我国经济发展和西电东送提供清洁能源保障。公司按照做新做精水电主业、做强做大多元业务的总体思路，坚持发展高质量、建设高标准、运营高效益和管理高水平，着力打造幸福大渡河和智慧大渡河，建设国际一流水电企业。

大渡河公司作为传统能源发电企业，拥有大渡河干流、支流以及西藏帕隆藏布流域水电资源约3 000万kW。公司负责大渡河干流17个梯级电站的开发，涉及四川省三州两市（甘孜州、阿坝州、凉山州、雅安市、乐山市）14个县，总装机约1 800万kW。目前，公司资产总额近1 000亿元，投产装机1 138万kW，在川投运装机约占四川统调水电总装机容量的四分之一；在建电站有沙坪二级、双江口（由公司代管）2个电站，总装机211.6 kW；前期筹建项目有金川、巴底、丹巴、老鹰岩等8个项目，总装机约470万kW，形成了投产、在建、筹建稳步推进的可持续发展格局。帕隆藏布流域已初步规划了“一库九级”的方案，规划总装机1 142万kW。

大渡河流域梯级电站群作为重大基础设施，其安全建设和运行事关国家防洪安全、能源安全和绿色发展，是国家唯一综合管理试点流域。公司所属的大渡河梯级电站群安全管控面临坝高、库大、库多、多库联调且流域洪峰流量大等世界级难题。公司所辖电站既有 20 世纪六七十年代时期的老厂，也有近年投产及在建新站，开发方式包括坝式、引水式、混合式等类型；机组类型包括轴流式、混流式、贯流式、冲击式等多种发电机组形式；枢纽大坝包括心墙堆石坝、面板堆石坝、拱坝、重力坝、闸坝等坝型。

公司本部设有 14 个部门，有 20 家直属、控股及代管单位。公司共有职工 2 155 名，其中 35 周岁以下青年 927 人，博士研究生 10 人，硕士研生 220 人，本科生 1 294 人，具有中高级以上职称的有 217 人，职工队伍总体呈现高学历、高技能、年轻化特点。

这种大型流域水电开发公司作为智慧企业的探路者，极具代表性和典型性，从开发方式、机组类型到坝工结构几乎涵盖了国内常见水电发电技术，其管理模式变革的探索将为国内智慧企业建设提供宝贵的实践经验。目前，大渡河公司的智慧企业尝试已得到了业内的广泛关注。

近年来，云技术、移动互联网、物联网、大数据、人工智能等一大批新兴技术层出不穷。以“互联网 +”为代表的管理创新模式，引发原有社会生产模式由大批量集中式向智能化、网络化、个性化发展，由生产型制造向服务型制造转变，且全方位改变社会经济活动。我们发现，包括大渡河公司在内的传统企业普遍存在管理层级偏多、管理链条过长、管理效率低下、管理手段落后等现象，与新技术的发展不相适应。面对新工业革命的兴起，传统企业的发展和经营管理也面临新机遇和新挑战。

当前，我国经济发展进入新常态，国资国企改革全面推进，电力工业发展环境发生了深刻变化，市场瞬息万变、竞争不断加剧，过去拼资源、比规模的时代已经结束，传统电力发展方式遇到了瓶颈。电力工业正经历从高速增长转变为平稳增长的过程，发电市场进入降电价、降利用小时、低电量增长率、低负荷率的“双降双低”通道。以前电力作为计划商品，不存在市场营销问题，电价由政府审批，发电量由政府下达；如今，国家深化电力体制改革，出台了电力体制改革系列配套文件，在这种大背景下，水电企业急需建立一种能够快速感知和适应市场变化、自我发现问题并不断自我修复的新型模式。

自大渡河公司成立22年来，实现了从无到有、从小到大的跨越式发展，突破装机容量千万千瓦、资产规模千亿元“双千”大关。但在经济发展新常态下，面对新兴技术带来的不断冲击，大渡河公司作为大型流域水电公司，意识到只有敏锐把握科技创新发展趋势，加强管理创新与自身革新，引入新的技术知识与管理方式，重构一套先进的智慧企业管理系统，改变以往被动的、指令式的管理方式，才能提高自身可持续发展能力，使企业快速对外部条件做出预判与回应，从而增强内生动力。

因此，大渡河公司提出基于自主创新的智慧企业建设发展思路，将先进信息技术、工业技术和管理技术深度融合，扎实推进从基建生产型向经营型转变，从行政管理模式向智慧企业管理转变，明确打造“幸福大渡河、智慧大渡河，建设国际一流水电企业”的战略目标，着力通过云计算、大数据、物联网以及人工智能等先进智能分析手段，确保大渡河公司智慧企业战略的有效实施，引领现代水电行业发展。

我国经济发展进入新常态，电力行业面对产能过剩、竞争日趋激烈、发电市场进入“双降双低”的局面，过去的工业化生产、规模化效益的线性利益增长思维已不能为发电企业带来新的效益增长，传统的发展方式遇到了瓶颈。而大渡河公司所面对的消费市场已随着“互联网+”的技术革命即将发生巨大的变革，整个电力行业“发、输、配、售”模式的切割呈现，将发电企业直接推向了整个消费市场。而当前传统企业市场洞察和感知手段落后，难以快速适应变化和有效应对风险。公司需要具备对未来潜在消费群体的前瞻性洞察力和战略性分析能力，才能确保牢牢把握住盈利空间。

随着时代的发展，越来越多的管理问题在阻碍着发电企业的发展。就大渡河公司而言，“无人值班”（少人值守）需要全流域各电站所有系统设备的高度可靠运转。而在生产实践中，人们发现，由于主、辅设备以及监控等系统改造大多是分阶段独立实施的，且感应元件尚难以实现神经网络式覆盖，生产系统之间普遍存在协调配合与互动操作的技术壁垒，系统联动能力不强，应对紧急突发情况的能力有待提升。同时，有关主机设备的振动和摆度、发电机的绝缘变化、尾水管真空压力脉动变化、定子的局部放电等异常情况，日常运行人员无法准确判断，甚至根本无法判断，很难保障全厂设备万无一失。此外，“无人值班”（少人值守）要求运行值班人员是“一专多能，一人多岗”全能型人才，由于当下电力行业内这种人才相对紧缺，所以人才培养难、流失严重的问题普遍存在。虽然经过了几十年自动化改造，但是系统的联动能力不强，自动化系统逐渐显露出一体化和智能化程度低、标准差异性大、网厂协调能力差、电力安全防护较弱等问题，智能决策困难，难以实现效率和效益的最大化。生产管理中人为干扰影响较大、纵向统筹和横向联合效果不佳、成本控制乏力、盈利措施不强等管理问题逐步显现，制约发电产业的发展与壮大。与此同时，大渡河流域的水文、水情、气象资源也需要和流域梯级电站群进行运筹学机理整合，通过梯级调度实现大渡河流域水能资源利用率的最大化，以满足企业经济效益的稳定增长。

因此，大渡河公司提出智慧企业建设，即主动适应经济发展新常态和电力体制改革新要求，创新优化公司内部管理体系，以新技术、新模式、新管理培育敏锐市场洞察力和感知力，构筑公司未来发展的竞争优势，让数据驱动企业决策管理，让风险管控更加标准智能，推动公司健康可持续发展。

水电行业由于其特殊性，电厂选址大多位于大山深处，远离社会发展的城市群主体，加之传统施工环境、电厂设备和管理模式等均需要耗费大量的人、财、物来维持其正常的工作状态，因此迫使水电企业的大批员工必须长期坚守在远离家人、远离城市的工作现场，条件十分艰苦。同时，从大型流域水电公司的安全管控角度来讲，流域沿岸地质脆弱，重大高危边坡遍布全流域各个角落，传统流域公司的工作模式——现场工作、人工巡检、人工排查，因不可预见要素的影响，员工的安全生产难以有效控制，这挑战着公司安全管控的“三零”红线。

每一次的科技革命带来的除了有社会大发展，还有劳动力的解放以及人的解放。随着社会的发展，员工对改善工作条件的期盼越来越高，员工个性化、多元化需求日益增多，仅靠传统思想政治工作和行政管理手段难以长期留住人才。员工追求柔性管理、舒适环境等的诉求日益增多，而传统管理思想僵化，管理行政化，部分关键领域和环节管控不够。水电企业需要将提高工作效率和改善员工工作条件统一起来，将员工从环境恶劣、机械重复、艰苦繁重的工作中解脱出来，实现企业发展和员工幸福。智慧企业建设正是为了满足职工的所盼所想，从更加人性化的角度改进技术和提升管理。

因此，大渡河公司建设智慧企业，是指用物联网、大数据和人工智能等先进技术实现“人、机、物、环、管”的全面感知和全面物联，转变传统发展方式，激发企业内部潜在的创新创效活力，推动组织机构和管理模式变革，推进机构“瘦身健体”，构筑柔性化、人性化和智能化的新型管理模式，将职工从艰苦、繁重、危险的作业环境中解放出来，提高工作效率和职工幸福指数。

生产力的发展是不可阻挡的，千万年来它的无穷力量推动着历史的车轮不断前进，使我们这颗蓝色星球的容貌不断发生着变化。这种变化在近两三百年尤为巨大：18 世纪末，蒸汽动力的使用引发了第一次工业革命；19 世纪末，电力能源的大规模出现引发了第二次工业革命；20 世纪 70 年代，电子和 IT 技术的革新引发了第三次工业革命；21 世纪的今天，集“云、大、物、移、智”等信息物理融合系统为一身的智能科技迅猛出现，悄然拉开了第四次工业革命的序幕。信息技术（IT）、工业技术（OT）、管理技术（MT）三者融合（简称为 3T 融合）必将产生一种全新的企业组织形态和管理模式，层级制、管控型的组织管理模式将转变为扁平化、自主决策的新型管理模式。企业内部生态化、动态组织将促使流程大幅简化，信息技术的融合应用将快速提升企业自主决策的能力。一种全新的企业组织形态和管理模式必将随之诞生。

新兴技术发展呼唤企业主动适应。近年来，芯片微型化技术、嵌入式感知技术、人脸识别技术、语音识别技术、射频识别技术等大感知技术日渐成熟；互联网传输技术、通信网传输技术、移动网传输技术（5G、Wi-Fi）、卫星网传输技术（量子通信、北斗卫星）等大传输技术日渐成熟；大容量、高性能、低延迟的新型大存储技术以及存储小型化、智能化、集成化、个性化技术等大存储技术日渐成熟；超级计算机（神威太湖之光、天河二号、曙光星云）、网络计算技术、量子计算技术、计算机虚拟化技术等大计算技术日渐成熟；语义引擎技术、潜在情绪智能视频分析技术、大数据挖掘算法（决策树、神经网络算法）等大分析技术日渐成熟；云技术、移动互联网、物联网、大数据、人工智能等一大批新兴技术层出不穷。信息技术在国外的应用领域主要包括虚拟建造与施工、数字工厂、建筑信息模型（BIM）、5D 模拟（空间三维 + 时间 + 成本）、数字化移交、移动设备支持、工程全生命周期管理等。在核电、国防等高端建设领域和重大项目上，美英等发达国家拥有十余年的工程数字化实践经验，并取得了大量的理论研究成果，部分国际型工程公司正通过工程数字化技术手段快速发展新的业务领域，甚至部分企业将数字化应用作为其发展战略方向之一。目前，不少巨型工程总承包项目在数字化条件下取得成功。例如，英国 Cross Rail 工程是全欧洲最大的基础设施建设项目，投入资金 240 亿美元，有 14 000 项分包任务，通过数字化设计和管理手段节约成本超 12 亿美元。

发电侧智能化发展由来已久。20 世纪 80 年代初期，我国发电侧已启动了自动化和信息化改造。以水电厂计算机监控技术为例，由 20 世纪 80 年代初的集中控制功能分散模式，逐步发展到 80 年代中后期的分层分布模式，继而发展到 90 年代初的开放分布式模式，再发展到今天的“无人值班”（少人值守），自动化进程非常迅猛。经过近 40 年的硬件升级和技术积累，已为今天的智能化建设奠定了一定基础。在电网侧智能化技术的推动下，发电侧已争先恐后启动了智能化升级探索。大渡河公司历经近 20 年的发展，在工程建设、流域梯级电站群安全管控、经济运行与调度等方面均积累了一系列信息化手段、智能技术及生产管理经验。总体上看，全要素立体智慧化企业管理技术正日趋成熟，新时代员工对于新技术的使用越来越熟练。

因此，大渡河公司提出智慧企业建设，是指以重大工程建设和电厂技术改造为契机，充分发挥公司在信息化方面的设备技术和人才优势，引领行业发展，更好地提升企业发展质量效益。形势所迫，发展所需，员工所求，条件所具，在这样的大背景下，大渡河公司在电力行业率先提出了“智慧企业”的概念。值得一提的是，正如前几章所讲，智慧企业不是简单的生产技术智能化改造，而是在推动机器替代并超越人工的同时，提炼高级智慧并挖掘拓展企业的无形价值，在产业链和价值链上跳出固有的藩篱，动态智能追求企业价值的最大化。它是技术变革推动下的管理变革，这种变革是符合企业管理和企业发展规律的，其自适应性和容错能力更强。这种管理有效的人本文化能够激发全员从胜任力到创造力的提升，使管理效能实现从管控到赋能的转变，更能够适应迅猛变化的国内外市场环境，改善环境，抗御风险，抢占先机，从而提升效益。

5.1　大渡河公司智慧企业建设的主要做法

大渡河公司坚持总体设计、分步实施、稳步推进，形成了智慧企业建设与改革发展相互融合、相得益彰的良性互动局面。

大渡河公司大力培植创新文化理念，将创新文化全面融入企业整体战略，与企业管理实践紧密结合，强化思想引导，选派 6 批次干部职工前往深圳、杭州、南京、上海、北京等发达地区，与华为公司、浙大网新、南瑞自动等领先企业学习，开阔员工视野；成立了智慧企业建设宣讲团队，公司主要领导先后开展 7 次宣讲授课，抽调各专业技术骨干与专家队伍广泛宣传和讲解智慧企业建设的好处，增强干部职工参与智慧企业建设的工作热情；积极打造创新工作平台，设立了青年创新工作站，通过项目自主申报、专家组评审等环节，引导青年职工提出好课题、好项目，孵化创新成果；坚持每周举办智慧企业沙龙，全面搭建知识共享平台和创新孵化体系；选树先进典型，每年评选“科技之星”，选聘“智慧专家”，发挥专家技术团队的创新引领作用，让创新人员在实践中有荣誉感和获得感，充分激发员工创新创造的活力，营造浓厚的创新氛围。

5.2　加强顶层设计，制定战略规划

2014 年，大渡河公司成立了智慧企业建设领导小组作为专门工

作机构，总经理、党委书记亲自抓，分管领导专业推进，形成了一个总体规划引领、多个专业规划协调推进的工作格局。2015年，将公司信息中心改制为智慧企业办公室，全面负责智慧企业建设的规划统筹，协调推进智慧项目建设。2017年，成立了智慧企业研究发展中心，由公司总经理任主任，下设综合服务部、业务保障部和咨询专家组，进一步加强智慧企业统筹协调管理，确保智慧企业建设各项工作落实。

大渡河公司组建了由多名院士和专家构成的顾问团队，组织历时一年时间编制完成《智慧大渡河战略研究与总体规划报告》，明确了智慧企业建设总体部署；坚持理论与实践相结合，在实践中对智慧企业的基本概念、主要特征、建设目标、管理模型、关键路径、体系构架等进行了系统研究探索，创新性地提出了较为完整的智慧企业理论体系建设系列观点，为智慧企业战略发展奠定了坚实的理论基础。

大渡河公司充分利用内外部优质资源，在优势技术领域加强自主创新，在创新薄弱环节加大协同创新力度，开展校企合作，广泛引进清华大学、浙江大学、天津大学、复旦大学等高校资源力量，充实智慧企业建设专家团队，加强重点领域与重大技术难题攻关；开展企企合作，与华为公司、南瑞集团等行业优秀企业开展战略合作，有效发挥各自专业领域的技术专长，共同推进智慧企业建设有效落地；开展政企合作，与国家信息中心开展技术交流，重点推进在自动化、信息化以及网络安全等领域的合作，不断积累智慧企业建设的有效成果与经验，分步分类推进，强化重点突破。

1. 紧密结合实际，分步分类推进

大渡河公司将智慧企业理论成果运用到重大工程建设、重点生产项目以及重要技改课题中，确保智慧企业创新成果稳步、有效和精准应用。以双江口、沙坪二级等在建工程为突破口，在项目建设初期的规划、设计以及设备选型阶段，超前部署智慧企业在工程建设领域的创新课题，避免资源重复投入，提高综合效益，形成一批推动智慧企业建设的关键技术；以瀑布沟、大岗山等自动化程度高、专业力量充足的投产电站为着力点，有序推进智慧企业重点项目研究；安排龚嘴电厂等投产时间较早的发电企业，根据自身实际情况，开展阶段性优化，实现智慧企业建设先行先试、重点突破和分步实施。

2. 注重总结改进，实现动态提升

大渡河公司注重智慧企业建设过程的总结与改进，每周召开智慧企业沙龙，召开科技创新大会、智慧企业创新论坛和智慧企业创新成果展等活动，及时发布智慧企业最新成果，评价规划实施和项目推进情况，探讨国家最新创新战略与政策方针，评价规划实施和项目推进情况，推动专业标准制定以及专利奖项申报，加强知识产权保护管理，及时锁定智慧企业建设成果；针对外部环境以及工作要求变化情况，及时调整优化智慧企业建设总体方案，总结存在的问题与不足，完善工作规划和措施，形成动态优化、持续提升的建设格局。

3. 夯基础，练内功，在数据挖掘中见成效

企业各项业务的标准化、数字化、信息化、网络化是智慧企业建设的重要前提和基础。大渡河公司按照业务量化、集成集中、统一平台、智能协同的建设路径，全面铺开智慧企业基础建设，运用先进的传感技术和在线监测技术来感知和大数据、大数据运用物联网和移动互联技术来传输和存储大数据；运用云计算和人工智能技术分析和运用大数据，形成敏锐的感知能力、高效的传输能力、海量的存储能力、强大的计算能力、精确的分析能力，为智慧项目的后续落地创造条件。

4. 推进标准化建设，打造数据“大感知”网络

标准化建设是提升大数据感知能力的基础，只有形成统一的标准和固化的流程，才能确保大数据的准确采集挖掘。

一是提升设备状态感知能力。推进检修作业标准化建设，制定《水轮发电机组智慧检修标准》白皮书，明确水轮机、发电机定转子、变压器、调速器等多部位共计 128 项常见故障监测指标，采集了 7 000 余个状态监测量，及时掌握设备健康运行状况水平。

二是提升缺陷管理感知能力。推进缺陷管理标准化，建立缺陷数据库，围绕缺陷表象、缺陷部位、缺陷原因和缺陷处理四个方面，收录标准缺陷 2 000 余条，提升了故障定位、隐患排查的精准度与及时性；开展公司设备编码和物资编码标准化，形成五段码 8 万余条的水电物资编码、六段码 26 万余条的设备编码，提升设备物资管理科学化水平。

三是提升水情气象感知能力。建立了由 105 个水文遥测站点组成的覆盖全流域的水情自动测报系统，运用我国国家气象中心、美国国家气象中心和欧洲中期天气预报中心三大专业机构数据，每天开展 10 GB 容量的气象大数据分析，以网格式细分全流域降雨分布情况，准确掌握区域来水及降雨情况。

四是提升库坝安全感知能力。运用自动监测技术，在大渡河流域电站大坝及周边山体中安装了 1.9 万余个自动化监测点，实时收集掌握各类位移、变形、沉降等数据，解决了以往大部分测点依靠人工测报且数据量收集相对较少的弊端。

5. 先进的数据传输技术

先进的数据传输技术直接影响着信息交换与决策反馈效率，是开展大数据后续挖掘与运用的重要支撑。大渡河公司全面构建了由局域网、广域网、卫星网、移动网组成的四大数据传输通道，确保

前端采集的数据资源与后台反馈的信息指令及时传输交换。

一是建立了万兆骨干、千兆到桌面的局域网，有力支撑了生产管理中大量数据、图像、视频等信息的传输，为设备在线监测、技术故障诊断以及专家远程会诊等工作提供了技术保障。

二是建立了与 8 M 运营商专线、30 M 电力光纤专网相连接的广域网，确保及时地将基层业务数据传输至公司云计算中心。

三是建立了覆盖流域生产区域的移动网，保证了智能安全帽、巡检预警机器人等现场移动生产设备数据实时上传和信息及时反馈。

四是建立了承担突发情况下应急通信的卫星网，增强了对紧急事件应急响应的能力。

6. 推进互通化建设，构建数据“大存储”平台

大渡河公司建立了云计算与大数据中心，集中整合全流域网络信息资源，将基层专业数据信息迁移上云，统一存储并开展数据运用。

从存储成本来看，存储硬件数量由 600 台减少为 200 台，运维人员由 50 余人减少至 10 余人，机房占地面积由 1 500 m^2 减少至 500 m^2，节约设备投入、机房建设成本、电费成本以及运维费用超过 1 亿元。

从存储效率来看，通过信息平台互通化构建，确保大量专业数据在统一的存储平台上集中共享，避免传统信息化建设过程中出现分类建设、重复建设和条块分割、数据孤岛等现象，计算机资源利用率从 25%提高到 65%以上。

从存储范围来看，公司将数据存储平台划分为设备域、安全域、物资域等 11 大主题域，横向覆盖了从工程规划、设计、施工、运行以及检修改造等各环节信息，纵向延伸至生产、工程、合同、财务、人资等各大业务领域，实现水电工程建设及生产数据全过程可追溯。

从存储保障来看，采用了“集中+分布”式的混合存储模式，承载了具有高可靠性的“1+N”负载均衡模式，建立了以全网态势感知为核心的信息安全监管平台，实时监测网络内外数据流，动态感知各类安全风险，实现量化提示和自动预警，确保数据存储安全可靠。

7. 推进集中化整合，提升数据“大计算”能力

企业大数据的计算能力，直接影响着企业对市场环境变化、经营决策调整以及内外风险管控的响应效率和管控能力。公司建立了云计算中心，构建了服务器虚拟化的云计算构架，通过资源集中化整合，将企业各类大数据集中迁移上云，实现统一计算和统一处理；借助于高效的计算能力，有力支撑了企业生产经营工作。

一是实现水情信息精准预报。运用先进的 WRF 中尺度气象预报模式和本地混合同化技术，每天开展 10 GB 容量的气象大数据计算分析，以细分网格量化全流域降雨情况，准确掌握区域来水与降雨分布。公司水情周预报精度达到 92.27%，远高于行业内 85%的平均水平。

二是实现发电负荷科学分配。建成了基于大数据的梯级电站联合调度决策支持系统，根据上下游多个电站的水头水位、发电耗水、市场电价以及机组工况等要素，自动计算各个电站、各台机组在各个时点的最优负荷分配方式，实现了经济效益最大化。

三是实现防洪调度的有效控制。创新流域梯级电站闸门自动调度及远程控制技术，根据上游来水实时流量、历史流量以及自身泄洪能力，滚动计算各电站运行水位、泄洪流量等运行指标，自动推演未来 24 小时调度过程和闸门开度策略，确保在防洪安全的情况下，最大限度地避免弃水损失。

8. 推进智能化运用，提升数据“大分析”水平

大渡河公司注重大数据成果运用，加强采集数据研究分析，为企业生产管理与风险防控提供有力支撑。

一是提升故障排查后台分析能力。公司所研发的巡检预警机器人，不仅具备在前端开展分析处理的能力，而且依托于实时联通的网络数据后台，将前端采集的各类图像、温度、震动、气体等异常情况的信息传输至数据后台开展运算分析，大幅提升了应急事件的分析处理能力与效率。

二是提升设备运行趋势分析能力。采用多维建模专利技术的机器学习引擎，挖掘机组 29 个关键指标的历史数据，建立机组设备健康状态感知模型，实现设备健康度和发展趋势的数字化评价，科学判断发电机组健康趋势，为优化设备检修方案与策略提供技术支持。

三是提升安防系统联动分析能力。开展多系统联动平台建设，改变以往单系统之间或部分系统之间的联动，实现电厂中监控、励磁、消防等 10 余个子系统间的有机关联，提高生产现场应急处理能力。

四是提升工程数据综合分析能力。建立了工程数据中心，同步跟踪监测多个施工单位、多个承包标段的施工过程信息，强化了工程建设安全风险管控、质量实时监控、进度仿真分析、投资决策预警和环保在线监测，提升了工程建设“五控制”管控能力。

9. 大渡河公司智慧企业建设实践成果

在智慧企业建设过程中，大渡河公司把整个企业作为一个人工智能“人”，决策指挥中心作为“人”的大脑，专业数据中心作为“人”的器官，基层业务单元作为“人”的四肢，并按照“总体规划、分步实施、成熟一个、推进一个”的建设思路，统筹推进各项目落地，努力让企业智能“人”大脑聪慧灵敏、器官耳聪目明、四肢协调发

达。如前文所述，大渡河公司已经基本形成了“一中枢、多中心、四单元”的顶层设计架构。大渡河公司智慧企业管理过渡模型如图 5-1 所示。

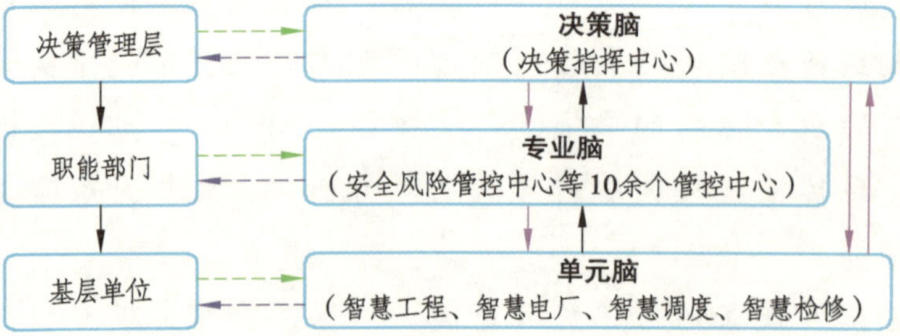

图 5-1　大渡河公司智慧企业管理过渡模型

决策指挥中心与公司各个专业数据中心实现数据链打通，可直接查询各专业脑的实时数据情况；并提供了整个流域各电站机组的开停机状态、水库水位、日计划发电量等参数。大渡河公司决策指挥中心如图 5-2 所示。

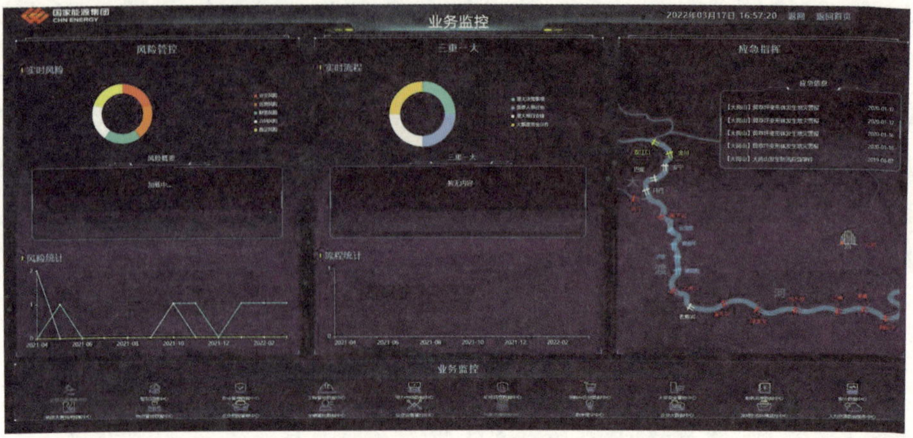

图 5-2　大渡河公司决策指挥中心

流程管控：展示了公司“三重一大”项目流程流转情况及年“三重一大”项目实施数量、占比，各节点的责任单位、办理情况以及流程执行中的预警信息。

风险管控：一是展示当前公司系统存在的需要领导层关注的企业风险数量、风险类别以及风险内容概览；二是通过海量数据积累以及优化预测算法模型，对企业风险进行统计分析，最终达到风险的“未卜先知”，提前做好防范措施。目前公司已在设备风险管控中实现了提前 3 ~ 6 个月预知预警设备性能及风险的能力。

应急指挥：设置了重点部位实时监控视频，方便决策层实时了解重点关注部位的状况，随时调取流域各电站任何区域的所有在线视频，为紧急情况下的应急救援指挥提供有力的保障。

为全面推进提升级决策指挥中心的智慧“决策”和“指挥”能力，加快智慧企业从量变阶段进入质变阶段进程，未来将着重提升以下方面的能力：

（1）风险防控能力。实现从“风险管理”向“风险管控”功能的自我演进，完善优化自动风险提示、自动风险定级和自动风险预警功能，形成风险闭环管控，让风险管控成为决策脑深度探索的先行者。

（2）智能决策能力。统筹全局数据，深入挖掘数据价值，研发数据分析模型及算法，预测环境动态变化趋势，形成公司管理的智能决策能力。

（3）应急指挥能力。实现应急资源、应急队伍的实时动态掌控，优化应急情况的系统联动和应急资源的合理优化调配，完善全过程、全方位、可视化应急指挥系统，全面提高决策脑应急指挥能力和可视化应急处置水平，确保应急处置的及时性、准确性和高效性。

5.3　大渡河检修公司智慧检修实践规划

智慧检修系统实现对设备的状态监测、数据采集、故障诊断、状态评估、检修决策以及检修管理等功能，系统主要由在线数据采集站、离线数据采集装置、系统主机服务器、数据库服务器、数据分析平台等部分组成。智慧检修系统建成后，将实现从在线或离线装置获取设备状态监测数据，通过分析和特征提取，评估设备状态，根据设备的健康状态，制定维护和检修策略，打破传统计划检修模式，实现智慧检修。

智慧检修系统面向大渡河公司生产业务，汇聚所有运行设备数据，集成高级应用分析功能，提供一整套信息展示、数据处理和设备状态分析手段，使其成为检修中心的统一数据中心、全景监视中心和智能分析中心，实现数据统一采集、存储和分发，以满足大渡河公司领导、职能部门、各专业运行人员不同层面的需求，建成“统一开放、结构合理、技术先进、安全可靠”的智慧检修平台。

系统建成后，将以标准、统一、开放的规约采集变电站、水电机组运行信息和设备状态信息。不论采用任何厂家的采集设备，各类数据都将以统一格式存储，以便数据挖掘。系统的基础平台承担绝大多数公共服务，包括为应用功能提供数据服务、维护服务、告警服务和人机界面服务，而上层应用平台则关注于专业需求。

智慧检修要实现以下目标：

一是统筹考虑数据采集内容和传输通道，建成检修中心统一的数据存储和共享平台。

根据各级运行管理人员对于设备信息和管理信息查阅的需求，统一安排变电站和水电机组的数据采集内容和设备，安排数据经由网络传输至主站，消除数据采集重复、通道繁杂、维护困难等问题。同时，在新系统中建设检修中心统一的数据存储模块，在汇聚全部运行、设备信息的基础上，按照部门需求实现可定义的数据编组、订阅、分发服务，使得各部门只需与统一的数据平台接口即可获得所需格式和内容的数据，实现统一数据中心职能，为设备状态实时监控、智能分析等应用的开展奠定基础。

二是根据日常业务需求，采集各类运行数据，建成检修中心全景监视中心。

根据各级运行管理人员对于日常业务开展的需求，在统一显示界面和统一数据源的基础上，将数据服务、网络服务、告警服务、界面服务等通用服务项目归并智慧检修中心平台之上，而各功能模块仅专注于设备监视和设备状态分析功能，从而降低软硬件维护开销，提高运行人员的工作效率。

三是开发基于数据仓库模式的智能应用工具，对数据之间的关联和隐含信息进行深度挖掘，打造先进的检修中心智能分析平台。

利用各专业、各系统数据集中存储的便利条件，以数据中心的方式对同构或异构的数据库进行统一管理，按照自定义的主题抽取多个库中的数据，开发诸如设备状态多维度分析和评价功能、专家诊断系统等，全面提升检修中心的运维管理能力。

四是开发检修管理系统，实现检修作业管理工作的智能化和标准化，进而提升检修管理效率和管理水平。

检修管理系统按照“互联网 + 智慧检修”的建设思路，构建纵向质通、横向集成的流域级检修管理平台，重点开发并建成设备检修工作通知、实施、流程审批、作业审批汇报、电子签章的全程电子化操作，实现检修报告电子化生成、检修工作竣工报告电子化生成，以及建立完善的检修设备库、检修知识库、标准作业库和标准业务流程工序卡。并建设 Android、苹果 iOS 智能手机的信息管理系统 APP，最终建成一套真正的“电子化、智慧化、可追溯化”的信息管理系统，全面实现大渡河公司上下信息渠道畅通和数据共享与应用，推进大渡河公司检修信息化。

按照大渡河公司智慧企业建设的总体要求，以实现“风险识别自动化、决策管理智能化、纠偏升级自主化”为目标，结合自身实际，不断探索总结、完善智慧检修建设工作。经过努力，主要取得了以下成果：

1. 水电机组故障预警系统建成投运

水电机组故障预警系统依托于工业数据挖掘平台，将水电机组设备分为定子、转子、导水机构等 19 个设备单元，汇集了水轮发电机组及辅助设备重要指标量，集成了电力生产所需的数据信息，具备实时数据的采集、汇聚、存储、共享、分布等功能，在线分析计算各种特征量和指标量，对机组各个部件的状态进行实时监测、故障分析和精准定位。同时，该系统还具有机组效率特性三维图分析、机组轴线分析、振动频谱分析等功能，辅助技术人员分析机组故障。其监测平台如图 5-3 所示。

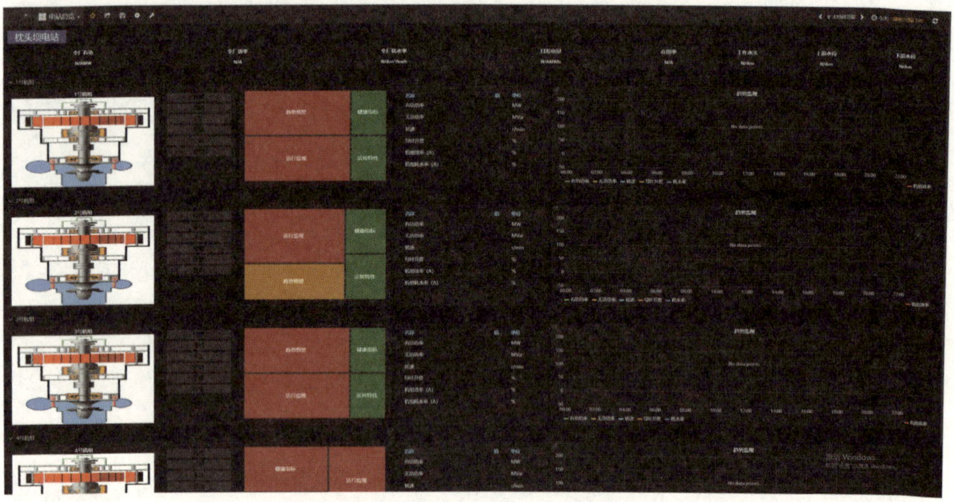

图 5-3　机组状态监测平台

目前，水电机组故障预警系统已在大渡河枕头坝一级水电站试点建设完成，实现了 7 000 余个状态监测量的数据编码和实时远程传输，确立了定子不圆度、导瓦荷载系数等影响机组运行的 46 个重要指标量，设定了阈值范围。当指标量超出阈值范围时，系统将自动报警，并确定报警部位，实现对发电设备运行状态的远程集中监控及设备故障的精准定位。

2. 健康度评价及趋势预警板块日趋完善

健康度评价及趋势预警板块是通过对历史工况的大数据分析、多维算法计算，实现对机组整体的健康、安全、性能等的在线感知计算和状态预测分析，起到早期预警和预测作用。该板块以工业企业生产设备实时历史数据为基础，创造性地应用多维建模方法，由计算机自动根据工业设备的实时测点数据中建立设备运行的状态模型，通过多维建模、状态感知、健康感知、关联分析、预测分析等功能，自动对工业对象合成一个“健康度 HPI”值，实现机组实时健康状况的判断。

目前，健康度评价及趋势预警板块已完成了全流域机组的健康模型、故障模型、最优性能模型的建立，形成了四台机组健康度的基准值（Hth），实时与机组健康度曲线（HPI）进行分析比较，当设备状态持续劣化时，可自动发布设备状态潜在故障的早期预警。通过对历史工况的大数据分析、超球算法计算，成功实现了机组运行工况的大致趋势走向预测，其结果如图 5-4 所示。

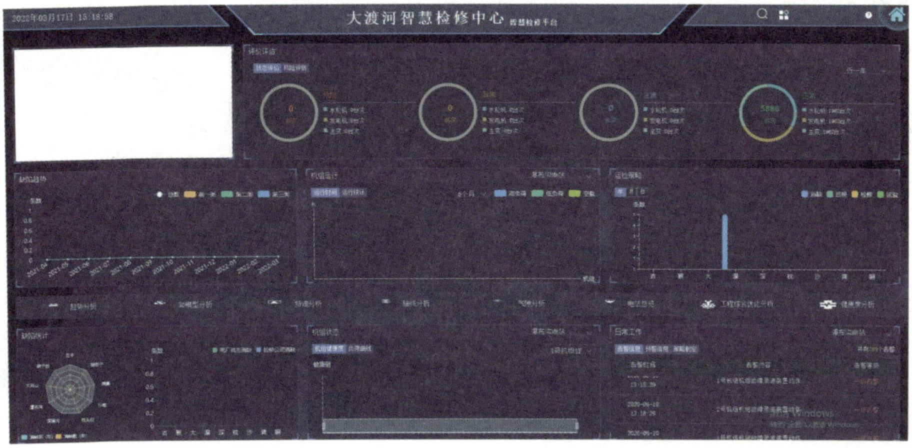

图 5-4　健康度评价及趋势预警板块

3. 智慧检修管理板块更加丰富

智慧检修管理板块根据故障特点，自动生成工作票、检修方案、工序卡等文件包，科学指导、管理和监督检修作业。同时，通过业主需求合、检修队伍管理、任务分派等，实现人工检修的效率提升。初步实现风险识别的自动化和检修决策的智能化，有效提升设备安全可靠性，满足水、电检修季节性对人力资源的不同需求，降低检修成本。

智慧检修管理板块在继承和发扬传统检修管理的成熟经验上，引入大数据、物联网平台，对检修技术组织、风险分析与决策、备品备件的管理、过程管控、质量验收进行了统筹优化。与传统检修管理相比，智慧检修管理是建立在科学分析及组织的基础上，进一步融合传统的经验，代替主要依赖经验制定的检修规定、检修工艺及评估标准，使得检修作业更加标准化和科学化，提升了设备检修质量。其界面如图 5-5 所示。

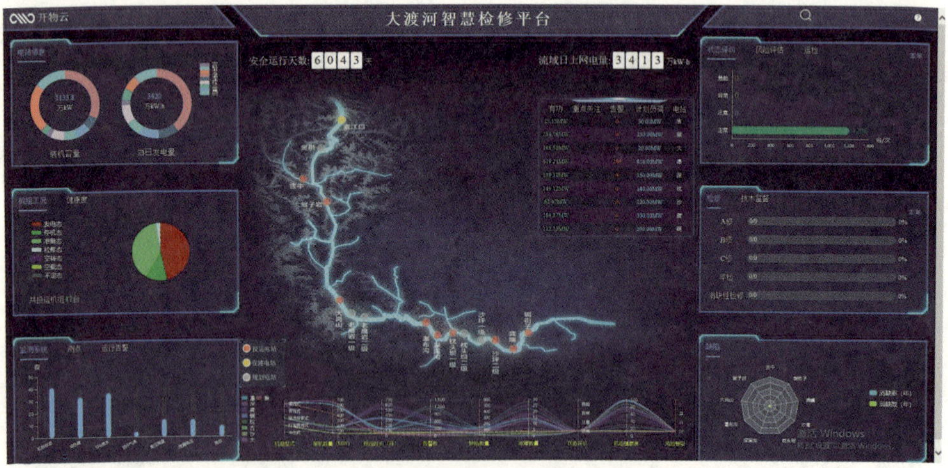

图 5-5 智慧检修管理板块界面

4. 智慧检修标准基本形成

检修公司加快智慧检修标准建设步伐，完成了《水轮发电机组智慧检修标准》(以下简称《标准》)初稿编制，并分别于 2016 年 6 月 2 日、2017 年 4 月 21 日进行了两次审查，得到了大渡河公司内外部专家的肯定。该标准规定了水轮发电机组智慧检修体系的构成、工作流程、技术支持系统功能及技术要求，是水电行业的首个水轮发电机组智慧检修标准，对下一步智慧检修工作起到纲要性的指导作用。

《标准》涵盖智慧检修管理体系及职责、系统结构及功能、智慧检修评价标准、智慧检修工作流程等板块；详细阐述了智慧检修管理体系及职责、智慧检修建设工作流程及要求；明确了智慧检修系统结构及功能；制定了智慧检修设备实时状态诊断评价系统主要的在线监测量，包含定子、转子变压器等多部位 128 项监测数据量及常见故障问题。《标准》附录中对水轮机、发电机、调速器、主变压器部分共 46 项重要健康指标量进行了详细的列表说明,并给出了与指标量关联的监测数据量，同时针对指标量影响机组健康度的权重确定性地给出了详细科学的功能指标重要性系数评价法，使得对机组健康度评价的结果更加符合实际情况。

5. 水电智慧检修管理中心初具规模

在水电机组智慧检修的基础上，协助大渡河公司建成了国内首个中国工业设备管理平台，形成了“互联网 + 智慧检修”管理中心，如图 5-6 所示，实现对工业设备管理的智能化、网络化、安全化、灵活化和专业化管控，智慧检修初具雏形，以物联网模式扎实推进检修管理信息化、市场化和商业化。

目前，完成了大渡河流域全部电站以及系统外 100 余台设备接入，并投入试点运行。

图 5-6 智慧水电展示中心

6. 大渡河公司智慧企业管理成果

通过几年的建设，随着智慧企业建设的深入推进，大渡河公司智慧企业实践取得了优异成绩和显著效益。

（1）注重管理变革，企业管理进一步规范。通过智慧企业建设，推进了管理模式优化和体制机制变革。在公司层面，专业数据中心变革传统部门制管理，打通了部门间信息交换壁垒，提高了专业覆盖深度，提升了企业规范管理水平与风险防控能力。在基层层面，实现了工程建设的全过程周期管理和建设过程风险预警预判及智能决策；实现了对电力生产和工程建设的物资计划、采购、运输、出入库、核销等全过程信息化和可溯化。

（2）注重创新运用，管控效能进一步提升。在双江口、沙坪二级等在建项目中，创新运用了大坝智能温控、碾压无人驾驶等智能系统；在瀑布沟、大岗山、枕头坝一级、猴子岩等电站，采用空中无人机、水下机器人以及智能无人船等技术手段，大力推广自主研发的智能安全帽、智能钥匙、巡检预警机器人等智能产品，利用智能化系统进行大数据精准计算分析和管理决策。采用智慧党建云系统，实现党员日常教育管理工作网络化，在试点单位较好地解决了党员分散广、组织生活集中开展难、监督考核不便的问题。员工的工作重心逐渐向专业数据维护应用以及创新产品研发转变，有效推动了机构编制进一步压缩，职工队伍进一步精简。在 2014—2017 年间，公司投产装机容量实现了翻番，而总体人数始终保持在 2 000 人左右。

（3）注重数据管理，决策水平进一步提升。按照现代企业制度建设要求，公司充分运用大数据分析处理技术，着力提升企业科学管理水平。建成了覆盖电力生产全过程的大型流域梯级电站预报调控一体化平台，在国内首创应用多项智能调度决策支持技术；研发了瀑布沟、深溪沟、枕头坝一级梯级电站经济调度控制（EDC）技术，首次实现了大型流域调度由单机组直调向多电站一键调的转变，有效发挥了梯级电站联合调度优势；建立了设备在线状态检测平台，深入开展设备运行大数据分析，或由计划性检修、事后检修逐步向状态检修、改进型检修转变。2017 年，通过分析铜街子电站检修前状态数据，简化相关检修项目，13 号机组检修工期由 20 天缩短为 5 天，大大缩短了检修工期，节约了检修费用。

（4）注重安全防控，风险管理进一步强化。建立了安全风险分级预警模型及决策知识库，动态感知大坝及山体边坡变形风险，确保了风险预警及时准确、安全隐患及时治理。2016 年 4 月 30 日，通过大数据监测分析，提前 4 小时成功预警了位于大岗山电站库区的当时主要的川藏通道省道 S211 郑家坪道路边坡出现大规模垮塌风险；建立了国内首个电力设备健康诊断物联网平台，成功预测了龚嘴电站 7F 机组固定导叶裂纹等设备重大安全隐患，同时根据设备状态数据分析结果，开展了流域电站设备状态检测试点及推广工作。充分运用高精度水情气象测报手段，自动推演洪水调度过程，为防洪调度提供决策依据。2017 年 6 月，成功应对了大渡河流域丹巴地区 70 年一遇大洪水。近年来，通过调节拦蓄洪水，成功应对了 10 余次丹巴、尼日河特大暴雨汛情，确保了下游沿河两岸地方防汛安全。

（5）注重降本增效，经济效益进一步凸显。通过云计算与大数据中心建设，整合全系统网络信息资源，大幅减少设备及人力资源投入，节约设备投入、机房建设成本、电费成本以及运维费用超过 1 亿元。通过智慧工程建设，在沙坪二级水电站产生直接综合效益 4 500 余万元。在电力生产现场，运用巡检预警机器人取代人工作业，每年减少人工成本及管理成本 400 万元；运用基于 IEC61850 全建模的智能水电站技术，每年节约费用 400 万元。通过智慧调度建设，实施定量降水预报、洪水资源化利用、智能调度决策支持等先进研究成果的应用，累计增发电量 35 亿 kWh，减少电煤消耗 110 余万 t，减少电煤消耗 110 余万 t，减排二氧化碳 290 万 t。通过智慧检修建设，超前预警预知运行状态趋势，优化设备检修策略，每年可节约检修费超过 1 000 万元。

（6）注重成果转换，创新活力进一步增强。成立了中国工业设备管理平台，为全国各地发电企业提供状态诊断与趋势分析等增值服务，接入业内设备 30 万个，用户 240 余家，形成了全新的商业模式。积极拓展水电上下游相关产业，形成了物联网技术运用、智能产品推广、

（7）低碳减排服务以及智慧企业咨询等新的产业链条，创造了经济效益预期增长点。公司创新成果大量涌现，2014 年以来新增知识产权 128 项，4 项科技创新成果获得 2018 年度国家科技进步奖提名。公司还获得第二十四届全国管理现代化创新一等奖 1 项，中国电力创新奖一、二等奖各 1 项，四川省企业管理创新成果一等奖 1 项，水力发电科学技术奖一等奖 2 项，中国电力科学技术奖二等奖 1 项，中国施工企业管理协会科学技术奖特等奖、一等奖各 1 项，中国土木工程詹天佑奖 1 项，集团公司科技进步奖一等奖 3 项、二等奖 7 项。获奖数量及奖励等均高于往年。

（8）注重经验推广，社会影响进一步扩大。公司承办了首届智慧企业创新发展峰会和 2017 年智慧企业创新发展论坛，承办了“十九大精神进央企”智慧企业成果发布会，得到了国资委新闻中心、人民日报、光明日报等 20 余家主流媒体的相继报道。大渡河公司智慧企业建设获得了业界“三个首次”的高度评价。清华大学和四川省企业联合会分别授予公司“管理创新实践基地”和“智慧企业示范基地”称号。编著出版《智慧企业 – 框架与实践》，智慧企业建设经验在亚欧数字互联互通高级别论坛、四川省国资委智慧企业现场会上做专题交流，并入选清华大学商学院授课案例。公司被授予四

川省信息化建设示范单位，在百度、搜狗等主流网站均创建了智慧企业搜索词条。公司以创新文化引领智慧企业建设分别获得全国企业文化建设优秀成果、国务院国资委创新文化优秀成果。向社会展示了大渡河智慧企业建设成果，推广了大渡河智慧企业建设经验。

综上所述，智慧企业将通过智慧输入，指导机器自主学习和自我演进，促进人工智能逐步替代并超越人类智慧，实现生产系统和管理体系的自主管理，兼顾有形资产和无形资产，并引导企业打通上下游产业链，向整个市场纵深贯穿的革命性全新企业组织形态和管理模式。这种管理模式具有“自主管理、自主学习、机器为主、人工为辅”的特点，它追求的不是智能化设备的物理叠加，也不仅仅是简单的数字化、信息化、智能化，而是将现代智能技术与多年来各领域专家的管理经验和生产技术相融合，从庞大生产管理的历史数据中提炼生产规律，完善机器的智能思维，打破组织形态、管理逻辑、生产流程以及市场理念的固有藩篱，从而引起管理的化学反应，提升管理张力，以求管理效益指数倍增长。这种更加符合新时期生产力的发电侧全新管理模式和管理思维，必将引发新一轮生产关系变革，笔者认为这种新型管理思维代表了业界发展的新方向。

“有之以为利，无之以为用。”从 B2C 到 C2B 再到 C2C，产业革命就在你我身边。从出售有形产品到出售价值经验，有形的资源正在改变形式，无形的资源正在翻倍增值。产业转型促进了企业界的整合重组，现在全球的百年企业正在逐步减少，固守陈旧的管理思维，必将错失良机沦为被动。故需主动适应不可逆转的变化，用智慧企业开启产业革命新纪元。

第 6 章 智慧检修的理论基础

6.1 智慧水电及检修的理论研究

2016 年，麦肯锡对美国 800 多个职业、2 000 多项工作进行了详细分析，得出以下初步结论：现有技术能够使 45%的工作自动化，60%的不同职业中，至少 30%的工作能够被机器和现有技术取代。麦肯锡把现有的工作分成了七大类，并定义了每一类工作受到自动化潜力的影响。

以制造业为例，工人们在可预测环境下进行体力劳动或操作机器占据了工作时间的三分之一，工作内容包括商品包装、给生产设备上料、焊栋、设备维修等。因此，约 59%的生产活动能够自动化，但是这个数字忽略了不同活动之间的差别。具体而言，在焊接机、切割机等工作中，有 90%可自动化，但是客服代表工作的可行性则低于 30%。同一行业里，不同企业有不同的自动化潜力。不过，若仅从技术潜力来看，制造业的自动化前景在美国市场上排第二，排在首位的是服务业的餐饮住宿行业。根据分析，73%的后勤工作，比如准备食材、烹饪、上菜、清洁、洗碗等在技术上完全可以实现自动化。零售业是另一个具有很高自动化潜力的行业。预计零售业 53%的工作均可被机器取代，不过与制造业相同的是，不同岗位需要具体分析。对零售商来说，引入高效的技术管理库存和物流是行之有效的，比如清点商品、打包发货、收集客户信息等。但零售业同样需要熟练的认知与社交技能，比如给客户推荐商品的销售人员。

因此，本研究指出，销售人员 47%的工作具有自动化潜力，这一数字远低于簿记员、会计师和审计员的 86%。

自动化能代替的远不止是重复劳动的制造业工作，还可能给医疗健康和金融等相当依赖知识的行业带来变革。自动化影响的不仅是普通人打拼的职场，还有高层管理者。日新月异的技术可能让人措手不及，如何充分利用潜力、避免隐患成为一个复杂的问题。在一些行业里，自动化已影响到市场竞争，比如在零售业中，电商凭借物理操作的自动化（如引入机器人管理库存）和知识工作的自动化（如利用算法预测顾客想买的商品），对传统的实体零售商形成了巨大的冲击。高管们应尽早熟悉现在的数据技术和自动化技术。更大的挑战是在劳动力、组织架构和企业文化上做出改变，这样企业才能对自动化全面颠覆商业做好准备，学会把自动化视为一种可靠提升生产率的杠杆。换言之，管理层需要“放手”，舍弃与组织发展进步背道而驰的陈腐思想。

这份麦肯锡报告明确地指出一种发展的趋势：未来的企业一定是自化的企业，即无人企业，无论是物质劳动还是知识工作，甚至是决策活动，在未来都是自动化的。

智慧水电企业一定也是自动化的企业。

水电企业要具备智慧，就得像人一样要具备智力器官，能够自动感知生产要素的流动和企业内外部环境的变化，能够自动建立知识体系，能够自动匹配合理的生产组织模式，能够自动做出决策，能够自我成长演化。如是，企业本身就成了一个生命体，未来的智慧水电企业一切都是自动的，当人工智能发展到一定程度，智慧水电企业完全不需要人的参与，将彻底解放人类。

因此，可以得出：智慧企业 = 生产力自动化 + 管理自动化。

6.2　智慧检修管理模型

1. 金字塔形管理模式

由科学管理之父弗雷德里克·温斯洛·泰勒（Frederick Winslow Taylor）创立。金字塔形组织是立体的三角锥体，等级森严，高层、中层、基层是逐层分级管理，这是一种在传统生产企业中最常见的组织形式。在计划经济时代，该结构在稳定的环境下，在生产力相对落后的阶段，信息相对闭塞的时代，不失为一种较好的组织形态，它机构简单、权责分明、组织稳定，且决策迅速、命令统一。但在市场经济条件下，信息技术发达的今天，金字塔形的组织结构则由于缺乏组织弹性，缺乏民主意识，过于依赖高层决策，高层对外部环境的变化反应缓慢，而突显出刻板生硬、不懂得应变的机械弊端。

2. 学习型组织管理模式

这是在彼得·圣吉五项修炼的基础上，通过大量的个人学习特别是团队学习，形成的一种能够认识环境、适应环境，进而能够能动地作用于环境的有效组织。也可以说是通过培养弥漫于整个组织的学习气氛，充分发挥员工的创造性思维能力而建立起来的一种有机的、高度柔性的、扁平的、符合人性的、能持续发展的组织。学习型组织为扁平化的圆锥形组织结构，金字塔式的棱角和等级消失了，管理者与被管理者的界限变得不再清晰，权力分层和等级差别的弱化，使个人或部门在一定程度上有了相对自由的空间，能有效地解决企业内部沟通的问题，因而学习型组织使企业面对市场的变化不再是机械的和僵化的，而是“动”了起来。不过，随着全球经济一体化和社会分工的趋势化，扁平化组织也会遇到越来越多的问题，在不断地分析问题、解决问题的过程当中，学习型组织“学习”的本质对人的要求将越来越高。

3. 中国管理模式

什么是“中国管理模式”呢？企业培训师贾长松认为：中国管理模式强调中国文化在企业管理过程中的作用，同时也尊重现代管理思想在中国企业的运用。另一种说法是：“世界上没有所谓的美国式管理、欧洲式管理、日本式管理，或者是中国式管理，而只有成功的管理或失败的管理。”中国式管理倡导者曾仕强认为，中国管理模式以中国管理哲学来妥善运用西方现代管理科学，并充分考虑中国人的文化传统以及心理行为特性，以达成更为良好的管理效果。中国式管理其实就是合理化管理，它强调管理就是修己安人的历程。

4. 制度化管理模式

所谓制度化管理模式，是指按照一定的已确定的规则来推动企业管理。当然，这种规则必须是大家所认可的带有契约性的规则，同时这种规则也是责权利对称的。因此，未来的企业管理的目标模式是以制度化管理模式为基础，适当地吸收和利用其他几种管理模式的某些有用的因素。之所以这样说是因为制度化管理比较“残酷”，适当地引进一点亲情关系、友情关系、温情关系确实有好处。甚至有时也可以适当地对管理中的矛盾及利益关系做一些随机性的处理，“淡化”一下规则，因为制度化过于呆板，如果不适当地“软化”一下，终究被管理的主要对象还是人，而人不是一般的物品，人具有多样思维，具备能动性，所以完全依赖制度化管理也不恰当。适当地吸收一点其他管理模式的优点，综合成一种带有混合性的企业管理模式。

6.3 智慧企业管理模型

智慧企业实践的核心是实现企业管理自动化。在企业数字化基础上，基于扁平化、平台化组织架构，在自动化流程机制下，重点解决企业在规划、预测、评估、决策等环节的管理自动化问题，通过打造分层级的“单元脑”“专业脑”和“决策脑”实现自动预判、自主决策和自我演进。

（1）自动预判：企业风险识别自动化。指企业通过业务量化，采集并生成大数据，应用最前沿的大数据分析处理技术，实现企业各类风险全过程识别和判定，并自动预警。

（2）自主决策：企业决策管理智能化。指企业针对自动预判的不同层级的问题及风险，运用信息技术和人工智能技术，由企业各类“专业脑”自动生成应对问题及风险的方案，提交企业“决策脑”进行决策。

（3）自我演进：企业变革升级智慧化。指企业随着各类原始数据和决策数据的不断累积，通过记忆认知、计算认知、交互认知三位一体的认知网络，实现自我评估、自我纠偏、自我提升和自我引领，企业逐渐呈现出数据驱动的管理形态和人工智能的特点。

考虑到管理变革的艰巨性、企业生产管理的特殊性和智慧企业建设的长期性，为了保证企业在管理变革的“动荡”中始终有蓝图可以参照，本书定义了两大模型——从过渡模型到理想模型。

1. 模型一（过渡模型）

特点：层级管控与数据驱动管理相结合。这种层级管控与自主管理相结合的参考模型，由决策脑、专业脑、单元脑分别为公司领导、职能部门和基层单位提供相应支撑，如图 6-1 所示。

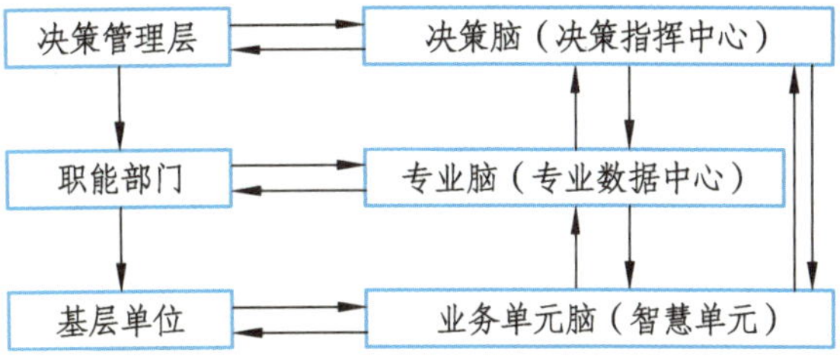

图 6-1　过渡模型

适应对象：智慧企业建设的初级阶段。

2. 模型二（理想模型）

特点：数据驱动管理，业务部门围绕各种人工智能脑发挥规划、研发和服务保障等作用。这种自主管理高级模型，部门不再承担管理职能，而是为各种人工智能脑（决策指挥中心和专业数据中心）发挥规划、研发、服务、保障等作用，基层单位消失，代之以专业服务分部，如图 6-2 所示。

适应对象：单一职能型企业、大型或集团管控企业的高级阶段。

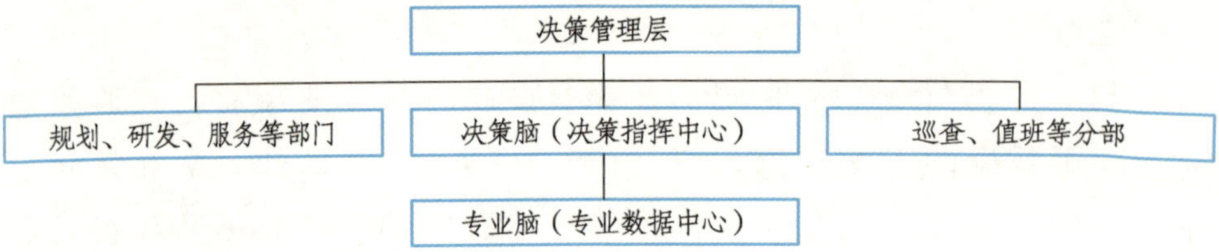

图 6-2　理想模型

智慧企业的探索和实践，需要从系统科学理论的角度，面对企业这一复杂系统，充分运用云大物移智等信息技术，实现对企业资源要素及其运行的数字化采集，构筑企业数据资产和知识库，打造企业神经系统和智能中枢，实现企业多个层次的自我闭环、自动决策和自我演进。智慧企业是一个持续优化、主动演进的过程，就如人的智慧永无止境一样，智慧企业既是一种未来形态，也是一个过程，在演进过程中随时呈现出多种组织形态、管理模式和能力成熟度。

6.4　基于航空发动机使用状态的维修数据组织模型

发动机从引进到退出机队，经历了各种各样的状态，比如在翼状态、待修状态、在修状态等，本书将它们统称为发动机的使用状态。发动机使用维护过程实际上就是使用状态的演变过程。发动机典型的生命周期如图 6-3 所示。

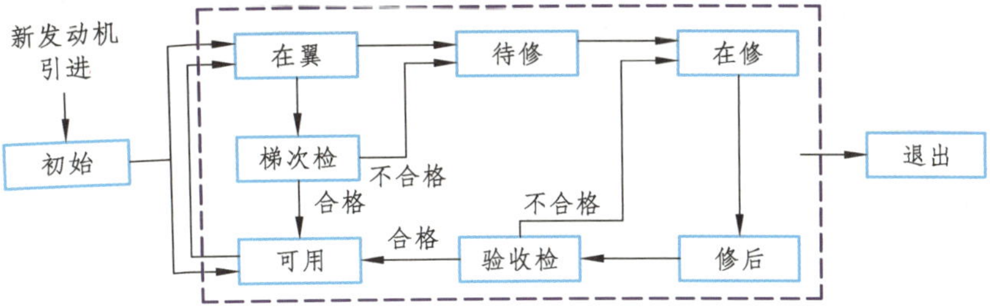

图 6-3　发动机典型的生命周期

将发动机维修数据分为：

（1）构型数据：包括发动机的结构信息和零部件的适用性信息、单台发动机的初始和每次车间维修后的单元体装机清单、零部件装机清单、AD/SB 状态清单等。

（2）对象相关数据：包括除构型数据的和单台发动机相关的所有数据，比如航线使用维修数据中的 ACARS 报文、性能参数、机械参数、孔探检查数据等。

（3）类相关数据：包括除构型数据和发动机型号相关的所有数据，比如发动机维护手册、发动机全球重要事件等。

发动机使用状态之间的转换不是任意的，即意味着两方面内容：首先，一个发动机使用状态只能转换为某几种使用状态；其次，发动机使用状态的转换需要满足一定的条件。所以，必须对发动机使用状态的演变过程进行控制，进而实现发动机生命周期的闭环控制。

发动机从一个使用状态向另一个使用状态转换的过程称为一个发动机操作，可以用一个三元组表示：

$$OPr = < eus_{bef}, eus_{aft}, C > \quad (6\text{-}1)$$

式中　eus_{bef}——紧前状态；

eus_{aft}——紧后状态；

C——从 eus_{bef} 向 eus_{aft} 转换时所需要满足的条件集合。

以发动机当前的使用状态为可用状态为例进行说明。可用状态能够执行的发动机操作集合为{装机，宙租}。对于装机操作，紧前状态为可用状态，紧后状态为在翼状态，转换条件为：飞机型号和该发动机的型号匹配，拟安装的飞机位置当前没有发动机。这样，通过对发动机操作的控制即可实现发动机生命周期的控制。

以发动机生命周期中各个使用状态为中心对发动机构型数据和对象相关数据进行组织，如图 6-4 所示。

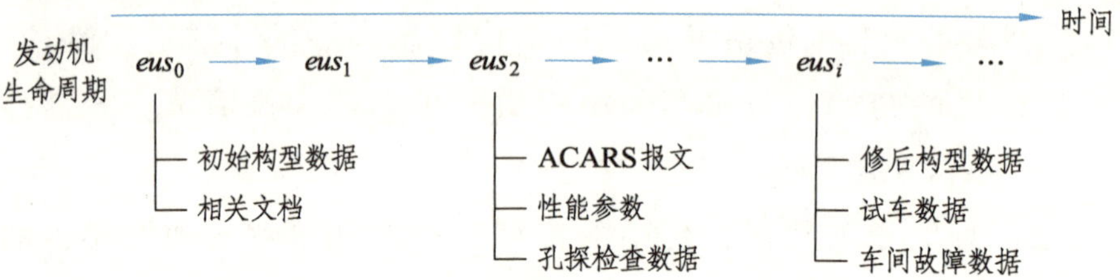

图 6-4　发动机维修数据组织模型

模型中 eus 表示发动机的一个使用状态。发动机初始构型数据、修后构型数据、对象相关数据都和一个使用状态相关联。这样，通过发动机的使用状态 eus，即可方便地获得在该使用状态下的发动机构型数据、对象相关数据等；同时，对于发动机的某一条构型数据或者对象相关数据而言，也可方便地获得其对应的发动机使用状态，进而获得它在该使用状态下的其他相关数据。按照图 6-4 所示的模型进行发动机维修数据的组织，可实现各维修数据的快速检索。在维修数据检索中，寿命件的履历检索非常具有代表性，对航空发动机提出了基于状态的维修模式。

发动机的寿命件是指经过一定的飞行小时或者飞行循环后，必须从发动机拆下的部件。寿命件关系着发动机运行的安全性，所以必须对寿命件历史装机使用情况、维修情况以及现行状况进行跟踪。

在发动机使用维护过程中，经常会发生发动机拆换、单元体倒换以及寿命件更换操作。因此，一个寿命件的生命周期经常横跨多个单元体的多个物理状态以及多台发动机的多个物理状态和使用状态。寿命件履历主要是指寿命件在整个生命周期经历的所有发动机使用状态。

寿命件和其整个生命周期经历的发动机使用状态，本质上是一个一对多的映射。对于寿命件 up，其履历的检索过程如下：

（1）根据寿命件 up，检索与其关联的所有单元体物理状态，记为集合 MPS；

（2）对于 $\forall mp_i \in MPS$，分别检索和单元体物理状态弘 s'相关的所有发动机物理状态，记为集合 $EPS_i(mps_i)$，并记 $EPS = \bigcup_{mps_i \in MPS} EPS_i(mps_i)$；

（3）对于 $\forall eps_i \in EPS$，分别检索和发动机物理状态印 s'相关的所有发动机使用状态，记为集合 $EUS_i(eps_i)$，并记 $EUS = \bigcup_{eps_i \in EPS} EUS_i(eps_i)$，$EUS$，即为寿命件 up 的履历。

发动机在送修时，面临的首要问题是确定维修工作范围，这将直接影响着维修成本以及修后性能。若发动机维修工作范围制定得不合理，会出现所谓的过维修和欠维修问题。过维修会增加维修成本，欠维修则无法达到送修目标，对飞行安全产生严重影响。发动机维修工作范围制定得是否合理，更多地依赖于工程师的实践经验。现代航空发动机结构越来越复杂，即使是经验丰富的工程师，在制定发动机维修工作范围时，也需要耗费大量的时间和精力，在分析发动机送修目标的基础上，提出了一种送修目标导向的发动机维修工作范围决策方法，研究了在确定条件下和不确定条件下单元体性能恢复值分配优化问题，以提升发动机维修工作范围决策的科学化水平。

现代制造服务的发展和产品价值链的变化都表明装备维修工程

管理正变得越来越重要。航空发动机是飞机的“心脏”。现代航空发动机具有结构复杂、工作环境恶劣、转动速度快、维修费用高等特点。为了提高管理效率和降低维修成本，航空公司一般对同一型号的所有航空发动机进行统一管理。从航空公司的角度出发，研究机队航空发动机维修规划，对于提高航空公司的维修工程管理水平和综合竞争力具有重要的意义。

事后维修与定期维修的航空发动机因维修方式过于陈旧，存在效率低下、维修费用巨大、无法有效保证飞行安全性与可靠性等诸多弊端，而且这些弊端在实际工程应用中日益突显。目前采用了气路数据挖掘方法对航空发动机状态预测与健康管理进行研究，与传统维修方式相比，航空发动机预测与健康管理（EPHM）技术实现了事后被动维修、定期维修向基于智能系统的视情维修转变，使工程技术人员在特定的时间准确定位发动机的潜在故障，并使展开主动维修成为可能，从而提高飞机维修效率、飞行安全性和飞机可靠性，进而降低维修成本。例如，Rolls-Royce 公司研制的 Trent700 发动机气路系统，在对航空发动机预测与健康管理技术的核心问题即数据挖掘技术展开深入研究后，首先对该型号发动机气路系统状态参数的相关数据进行信息挖掘。以涡轮燃气温度 TGT 为例，对反映气路性能的状态参数的基线进行建模，并对模型进行了验证，基线精度达到了要求，为发动机气路状态的监测奠定了基础。之后以监测过程中计算得到的气路参数偏差值为基础，对其中蕴含的性能衰退信息进行挖掘，建立支持向量机（Support Vector Machines，SVM）算法的回归预测模型，对多个气路参数在未来的偏差量进行了单点趋势预测。此外，在此预测模型的基础上进行拓展，尝试融入模糊信息粒化理论，建立基于信息粒化的支持向量机（Granular Support Vector Machines，GrSVM）预测模型，对未来五个时间序列点进行范围性预测。最后通过仿真实验对模型的预测性能进行检验与分析。结果证明，基于 SVM 的单点预测模型与基于 GrSVM 的范围预测模型的精度达到要求，为 EPHM 体系的趋势预测研究提供了相应的参考。

随着传感器技术的快速发展，在飞机上应用的扩大以及移动终端的普及，可获取的有关飞机的数据越来越多，类型也越来越丰富，如 QAR 数据、ACARS 数据、维修报告、航空各业务系统数据等。目前，在深入研究了面向民航大数据的航空发动机状态监测中的数据重构、状态监视、发动机退化模式识别以及面向大数据的系统构架和数据质量管理问题后，提出了基于数据驱动方法：

（1）实际应用中因为漏采或传感器故障等问题，航空公司获得的发动机监测数据会存在数据缺失，需要对这些缺失的数据进行恢复，进而才能充分使用这些监测参数进行后续数据分析等工作。为了在随机数据缺失情况下重构出发动机监测数据，提出了一种基于子空间的在线发动机数据重构模型。该模型采用极化增量分解获得低秩子空间，利用低秩子空间表示高维发动机数据的演化特征，根据发动机的历史监测数据提取当前发动机的数据特征（低秩子空间），通过新采集的监测数据更新子空间以跟踪发动机演化特征，并通过最新子空间实现发动机传感器数据的在线重构。通过仿真数据和实际数据案例验证，该模型在随机缺失数据和噪声干扰情况下，对于发动机数据重构而言具有良好的健壮性。

（2）实际情况中的发动机健康状态数据多，退化/故障数据少，针对这种数据分布不均衡情况下识别健康和退化两种状态的需求，提出了一种解决不均衡数据聚类的新算法——特征加权的模糊紧致散布聚类算法。该算法考虑到数据各维特征对聚类的影响，将特征加权引入目标函数，通过特征加权解决了高维数据的特征选择问题。以特征加权的模糊紧致散布聚类算法为基础，进一步提出了一种航空发动机在线状态监视的模型。该模型由两部分组成：一个是离线学习模块，在该模块中通过历史发动机监测数据迭代计算出发动机各特征参数的权重、健康状态和退化状态的聚类中心；另一个是在线监视模块，该模块计算出实时的监测数据和健康状态以及退化状态聚类中心的加权距离，根据“最近邻”思想，距离最近的即为当前发动机状态所述类别。同时，实时监测数据又被输入离线模块继续参与模块参数（特征的权重、健康状态和退化状态的聚类中心）更新。通过仿真数据和真实数据的实验，证明该方法用于发动机状态监视有很高的健壮性和泛化能力，对不确定性发动机数据有很好的实用性。

（3）发动机的性能退化有正常性能退化和因故障引起的退化，对于相同的退化模式，不同的发动机表现不一样，如因为工作环境不同，发动机的退化速度各不相同，因此对每台发动机的退化过程进行准确建模是非常困难的。一台发动机的退化数据包含了发动机各状态间的过渡信息，所有发动机的这些数据构成了退化样本库，然而这些信息并没有被较好地用于发动机退化模式识别。故提出一种基于相关时间规整的多参数发动机退化模式识别模型，该模型能够将多源数据投射到统一的特征空间，并在时间轴上将待识别数据和退化样本对齐以进行退化模式识别，从而提高了发动机退化模式识别的准确性和灵活性。仿真数据和实际案例数据实验证明本文模型能够正确区分发动机正常性能退化和故障引起的退化，对发动机本体并发故障退化和单故障退化模式定位到了部件级。

（4）基于国际通用的 OSA-CBM 层次和大数据处理流程，提出了面向大数据的发动机健康管理与维修决策支持系统（EHM&MDSS）架构。该架构主体分为物理层、数据层和应用层三层；数据驱动的发动机健康管理首要工作就是保证数据质量，同时还提出了该架构下的数据质量监控模型、方法和流程，并以此为基础对系统进行了详细的需求分析，设计了系统功能模块。这些对民航大数据应用于发动机健康管理和维修决策工作具有一定的指导意义。

6.5　基于 WPG 的维修工作范围决策模型

WPG 是航空发动机制造商根据发动机手册及世界机队的发动机运营经验开发的发动机维修工作范围计划指导文件，目的是帮助航空公司获得最优工作范围。单元体维修级别分为：目视检查（Visual Inspection，VI）、最小修理（Minimum，MIN）、性能恢复（Performance，PER）和大修（Full Overhaul，FOH）。目视检查不分解单元体，只对单元体整体进行检查；最小修理是将单元体进行部分分解，对特定的零件进行修理；性能恢复也是将单元体进行部分分解，执行性能恢复，并稳固相关组件；大修是将单元体进行完全分解，执行最细致的工作。

单元体维修级别的确定需要综合考虑寿命件、部件损伤、软时限、适航指令（即 AD）/服务通告（即 SB）状态、性能等因素，同时也可以看出，该方法主要关注的是发动机的当前状态，并没有考虑送修目标。这是因为该方法的优化目标是最小化单台发动机的单位小时成本。从单台发动机考虑，该方法是没有问题的，但对于整个机队来说，这样确定的单元体维修级别则不合理。

建立基于维修成本最小的单元体性能恢复值分配优化模型：

$$\begin{aligned}
&\min f=\sum_{i=1}^{n}c_i(x_i)\\
&\text{s.t.}\ \sum_{i=1}^{n}t_i(x_i)\geqslant t*\\
&0\leqslant x_i\leqslant m_i\\
&x_i\in \mathbf{Z}
\end{aligned}\tag{6-2}$$

式中　x_i——m_i可以选择的维修级别的编号；

　　$\mathbf{Z}$——整数集合。

上述单元体性能恢复值分配问题是一个整数规划问题。对于整数规划问题，常用的求解方法主要有群举法、分支定界法、隔平面法等。

群举法和分支定界法均存在计算量大的问题，而割平面法存在收敛慢的缺点。与分支定界法相比，动态规划因为利用了原问题可以分解为重复子问题的特点，所以计算量相对较小。一般情况下启发式算法的时间复杂度要远远低于动态规划，但也存在经常不能获得最优解的缺点。由此提出模型求解的动态规划算法和启发式算法。

1. 动态规划算法求解

按发动机单元体数量划分阶段，可将该问题看成是一个n阶段决策问题。设阶段变量为k；状态变量为s_k,s_k表示阶段1到阶段k已增加的EGTM恢复值；决策变量为x_k,x_k表示M_k选择的维修级别的编号。则状态转移方程为：

$$s_{k-1} = s_k - t_k(x_k) \tag{6-3}$$

允许的决策集合为：

$$D_k(s) = \{0,1,\cdots,m_k\}$$

最优值函数$f_k(s)$是M_1到M_k选择的维修级别能够增加的EGTM恢复值不低于s时维修成本的最小值，即

$$f_k(s) = \min_{\substack{\sum_{i=1}^{k} t_i(x_i) \geqslant s \\ 0 \leqslant x_i \leqslant m_i,\text{且为整数}}} \sum_{i=1}^{k} c_i(x_i) \tag{6-4}$$

所以可以写出动态规划的顺序递推关系为：

$$f_1(s) = \min_{\substack{t_1(x_1) \geqslant s \\ x_i = 0,1,\cdots,m_1}} c_1(x_i) \tag{6-5}$$

$$f_k(s)=\min_{\substack{\sum_{i=1}^{k} t_i(x_i)\geqslant s \\ x_k=0,1,\cdots,m_k}}\{c_k(x_k)+f_{k-1}[s-t_i(x_k)]\},\ 2\leqslant k\leqslant n \tag{6-6}$$

然后，逐步计算出 $f_1(s),f_2(s),\cdots,f_n(s)$ 及相应的决策函数 $x_1(s),x_2(s)$，…，$x_n(s)$，最后得出的 $f_n(t^*)$ 即为所求的最小维修成本，其相应的最优策略由反推运算即可得出。

2. 启发式算法求解

对于单元体性能恢复值分配问题，有这样一种直观的认识：如果优先选择那些 EGTM 恢复值高，但维修成本低的维修级别，则最终的方案可能较好。基于此，首先定义有效 EGTM 单价。

定义下式为发动机各个单元体选择维修级别。如果单元体 M_i 选择维修级别 $W_{i,j}$ 后，发动机能够恢复的 EGTM 超出 E_{goal} 为 $e_{i,j}$，称：

$$p_{i,j}=\begin{cases}\dfrac{c_i(j)}{t_i(j)-e_{i,j}}, & e_{i,j}>0\\[2ex] \dfrac{c_i(j)}{t_i(j)}, & e_{i,j}\leqslant 0\end{cases} \tag{6-7}$$

为维修级别 $W_{i,j}$ 的有效 EGTM 单价。

基于有效 EGTM 单价，给出如下启发式算法：

步骤 1：各个单元体的高于初始维修级别的维修级别组成待选维修级别集合，计算所有待选维修级别的有效 EGTM 单价，将待选维修级别按照从低到高排序。

步骤 2：检查当前各个单元体选择的维修级别可恢复的 EGTM 是否满足 E_{goal}，如果满足，计算结束；否则，进行步骤 3。

步骤 3：检查各个待选维修级别的 $p_{i,j}$ 是否需要重新计算，如果需要，对其进行计算，并将其按照 $p_{i,j}$ 从低到高排序。

步骤 4：对于待选维修级别集合中的 $p_{i,j}$ 最小的维修级别 $W_{i,j}$，判断 M_i 的维修级别 $W_{i,j}$ 是否为 $W_{i,0}$，如果是，将 $W_{i,j}$ 作为 M_i 的维修级别；如果不是，比较 $t_i(j)$和$t_i(j')$的大小，选择较大的作为 M_i 的维修级别，将 $W_{i,j}$从待选维修级别集合中删除，返回步骤 2。

6.6 基于预测性维护的设备智能运维

在不同的背景下，设备维护策略分为两种：一种是响应式维护，它的特点就是运行到故障发生时再进行维修和维护；另一种是预防性维护，又分两种情况：一是定期维护，间隔固定的时间进行，二是基于设备实时状态进行预知维护，即预测性维护。

预测性维护可以从三个维度帮助设备进行自我表达：一是解决设备自我感知的问题，即首先得发现设备状态的异常，看起来正常的设备如何能感觉到它的异常变化呢？有经验的工程师可以通过现场的声响或温度进行判断，但没有经验的话，就可能出现设备运转到“趴窝”了才会发现其异常；二是解决设备实现自我分析的问题，到底是什么导致的异常，故障部位在哪里，严重程度如何，该怎样去应对；三是有针对性地对设备采取维修策略，比如采用动平衡、对中处理、润滑、更换部件或者停机维修等。

随着信息技术、大数据技术、人工智能技术的发展，设备运维从故障后维护、周期性维护、基于点巡检状态维修逐步升级到数据驱动预测性维护的智慧阶段。即工业设备的故障预测与健康管理，简称 PHM 模型。电机、泵、风机、减速机、压缩机等设备构成了行业生产的基础，PHM 面向炼化、水泥、钢铁、造纸等常规流程工业以及汽车、饮料等离散行业为设备提供设备智能运维的服务。

那么，PHM 是怎么解决问题的呢？这里涉及另一个概念——CPS，它是指物理世界对设备数字化的映射，即数字化设备模型，它的数据源分成几大类，包括状态参数、工况数据、设计参数，还有设备运行过程中的一些参数，在整个生命周期中的维护参数等。

数字化模型是构建数据化设备的基石，是所有统计分析和数据驱动模型的基础。CPS 这个概念是不断外延、完善并发展的，并不是从一开始就是非常完备的体系，而是逐渐扩展逐步丰富的。PHM 通过监测、预警、诊断和维护这四个流程形成闭环。

1. 监　测

监测是为了数据可视化，使得不可知、不可感的设备变得可知、可感。状态监测的基本原则是建立全面感知和数据标准化。设备进行自我表征和实现自我感知的手段和方法有很多，整个设备的失效模型呈现这样一个曲线，从设备产生初始损伤一直到设备完全失效，不同的场景对应不同的方法，尚且没有一种方法适合所有场景。

温度测试主要反映磨损类故障，当温度出现异常时，说明设备已进入故障晚期，这个方法简单，可作为状态监测参数。

油液分析包含对油的理化分析，比如对润滑油的黏度、水分、酸度进行光谱分析或铁谱分析，通过分析油液内所含的颗粒或颗粒大小判断设备磨损和污染情况。

应力波分析对设备材料发生的波动或撕裂非常敏感，可以检测出早期故障，但是它有几个特性：一个是小段弹性介质的波动，当材料发生变化时才会发生；另一个是随着传播距离的增大而迅速衰减，拾取困难；三是在穿越界面时会迅速衰减，很难捕获。

振动包络分析和振动测试，振动信号的分析技术已较为成熟，可应用于预测性维护技术的企业内。目前采用振动信号进行分析的企业约占 70%，其监测覆盖范围可以涵盖整个机械设备的传动链，并可对设备的早期故障进行诊断，提前 3 ~ 6 个月发现故障，是检测旋转机械故障最全面、最有效的方法。

振动：适用于旋转机械、往复机械、轴承、齿轮等。

温度（红外）：适用于工业炉窑、热力机械、电机、电器等。

声发射：适用于压力容器、往复机械、轴承、齿轮等。

油液（铁谱）：适用于齿轮箱、设备润滑系统、电力变压器等。

无损检测：采用物理化学方法，用于关键零部件的故障检测。

压力：适用于液压系统、流体机械、内燃机和液力耦合器等。

强度：适用于工程结构、起重机械、锻压机械等。

表面：适用于设备关键零部件表面检查和管道内孔检查等。

工况参数：适用于流程工业和生产线上的主要设备等。

电气：适用于电机、电器、输变电设备、电工仪表等。

2. 预　警

对设备异常判断的基本原则之一是能否准确、及时、有效地发现故障，降低误报漏报和重复报的问题，这里提出智能预警的概念。

在设备自我感知的基础上构建一套智能化的运行体系。通过采集设备的原始数据，并对它进行特征提取。以振动为例，对振动信号进行特征提取，最少能提取数百种特征参量。这些特征参量在设备不同过程的故障或者设备状态不同表征的灵敏度都是有差异的。提取完后要对这些特征进行过滤，数据经过过滤后进入整个模型，之后再进行整个报警的整合，按照既定的推送策略进行推送，根据设备故障预警的等级，采取相应的行动。

3. 诊　断

诊断是指对设备故障进行准确的定位，需要对常规故障、自动化故障、复杂故障进行专业化诊断。诊断可以有两种通路和手段：一种是机理手段，即基于专业工程师/专家经验或自身物理系统的特征进行推理分析，可明确表征故障的特征，如基于 AI 体系把专家的经验固化到系统里，让系统代替专家进行工作，得出结论，可以实现 80%以上设备故障的有效推理和诊断。另外一种是随着故障案例的积累和学习，不断地推演推理，基于大数据的手段实现智能诊断。这是一个活的系统，可以不断深入挖掘设备故障数据，不断完备自己的模型，不断进行自我迭代和进化，这和培养专家的过程类似，前者受制于专家的经验和认知，后者随着样本数据和案例越来越多而不断演进自我精确度。随着数据和案例的积累，不断逼近甚至超越人类专家的水平，未来真正实现设备智能化诊断。

4. 维　护

通过 PHM 系统或对外 API 接口触发相应的流程、业务系统和工单，对整个故障进行消除。

PHM 系统的部署分三层。

第一层是物理感知层，借助多元化的智能传感器、DCS、SCADA 系统，通过边缘智能网关进入 PHM 系统内。

第二层是 PHM 智能云平台。智能云平台上的核心在于 PHM 的工业算法模型，即所建立的一个设备模型上附着的算法模型即可产生实际化的表达。

第三层是应用层。提供综合分析决策支撑，整个设备智能运维诊断分析的应用。对设备运行维护人员来说，通过 PHM 系统可更详细地了解设备运行情况。整个 PHM 系统在部署完成以后，通过逐级的体系给企业提供完善的设备运行维护系统。

设备智能运维带来的实际价值是现场人员的安全得到了保障，备品备件的提前准备和优化备品备件的库存，可根据大数据对备品备件准备策略进行调整和优化，减少了单机维护成本，避免了生产线的突然中断，优化了人员结构等。

6.7 智慧企业的方法体系

在智慧企业的实践过程中，其核心是构筑企业神经系统和大脑的过程，其本质是实现企业生产力自动化和管理自动化。企业可在IOM-3T融合方法论的指导下，根据SAS方法模型，运用数字化的工具和手段，通过智慧云脑工程，赋予企业“智慧”的灵魂。

1. IOM-3T融合方法论

IOM是信息技术（IT）、工业技术（OT）、管理技术（MT）三者的融合。信息技术和工业技术是较为熟悉的专有名词，在此不做赘述。管理技术是“造”的一个名词，主要指企业中正在运行的管理方法和模型，如资产管理模型、供应链管理模型、安全生产管理模型、产品研发模型等，也指与这些管理方式相匹配的组织形态，这些管理方法与组织形态也是企业运行的一种技术手段，因此将它们定义为管理技术。

2. IOM天然分离、自然融合

工业技术和信息技术出现在不同的时期，属于不同的学科，服务于不同的领域，采用不同的技术和标准，因此这些是无法融合的。工业技术主要聚焦在生产领域、如流水线、机床、发电系统、自动控制系统等，其主要特征是对设施工具的管控。后来出现了计算设备，PC的普及、软件、网络等信息技术，聚焦在业务管理领域，主要特征是对业务流程的管控。从它们的聚焦领域和主要特征来看，基本是两条并行的线条。此时的管理技术也仅仅是贴在墙上的制度、印在手册上的指导、存在于管理者的管理活动当中，与信息技术、工业技术更是无法融合。从生产力发展的角度来看，前三次生产力革命均是以机械化、电气化、自动化等工业技术发展为代表的科技革命，即所谓的三次工业革命。随着信息技术的出现，企业大规模信息化的普及，生产力得到了进一步释放，有人称之为第一次信息革命。随着互联网技术的发展和数字技术的普及，数据的价值得到了巨大彰显，有人称之为第二次信息革命，也有人称之为DT时代。

显然，这两次革命均以信息技术的发展为代表。互联网提供了广泛的连接，不但连接机器设备，也连接企业中的人类和流程，智能化的产品和服务大量出现，以智能化为代表的生产力正在显现，因此这个时代又被唤作第四次工业革命。纵观第四次工业革命的特征，不难发现所谓的智能化实质上就是工业技术和信息技术的数字化连接和融合。

3. IOM-3T融合和“两化”融合

我国实施的两化融合，其本质上是工业技术和信息技术的融合，产生新的技术，推动技术创新。两化融合提高了制造业在产品智能化、生产自动化方面的进一步提升，如传统家电采用了智能化技术之后变成智能家电，通过推出智能产品实现转型升级。两化融合在实施过程中，虽然通过两化融合管理体系对企业开展两化融合工作进行了指导，但管理体系侧重于实施过程，对企业本身在两化融合后的企业管理形态演变并没有过多关注。这也是造成了很多企业虽然是“一把手工程”，但却是基层技术人员的任务，极大地影响了两化融合的效果。融合才能智慧，考虑与管理技术的融合，即IOM-3T融合才能更好地促进中国企业贯彻和开展“两化”融合。

4. IOM-3T融合和工业4.0/中国制造2025

制造业强国德国提出了工业4.0，并把此作为国家的制造战略。德国工业强在制造业，重点是信息技术在制造业的应用融合，打造物理和信息融合的系统；美国则在发展工业互联网，运用数字技术连接工业链条中的机器、设备和生产工序，进行再工业化，积极打造高端制造业。我国面对的高端制造业的回流压力和低端制造业的转移压力，发布了中国制造2025，重点发展新一代信息技术产业、高档数控机床和机器人、航空航天装备等十个重点领域，强调智能制造、智能产品和智能服务。无论哪个国家的工业发展战略，本质上均是互联网、数字技术等新智能技术在工业领域的深度融合，但似乎没有强调管理技术的融合。融合产生智慧，智慧必然带来管理上的变化，有必要融入管理技术来适应和促进这种变化。本质上管理技术才是灵魂，工业技术和信息技术都是价值创造的手段和载体，管理技术是目标选择和价值链模型。所以，只有三者融合才能更好地提升中国制造水平。

5. IOM-3T 融合和企业 EA 架构

EA（Enterprise Architecture）架构，目的是建立企业的架构资产，实现业务和 IT 的融合。3T 融合如图 6-5 所示。最具代表性的是 TOGAF 架构，通过业务架构、应用架构、数据架构、技术架构，将管理业务“不偏移”地转移到 IT 中，实现业务和 IT 的融合，某种形式上看也是管理技术和信息技术的一种融合。

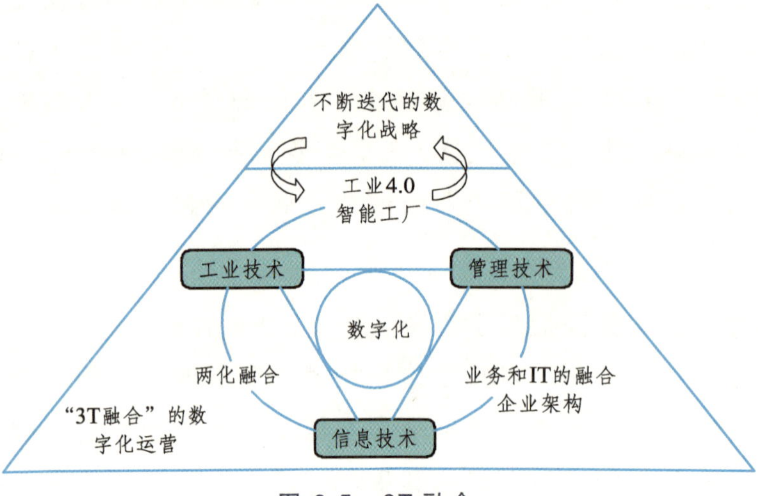

图 6-5 3T 融合

6. 数字化是 3T 融合的唯一手段

信息技术（IT）、工业技术（OT）、管理技术（MT）三者融合，使企业在社会组织系统层面，通过将工业系统、企业组织、流程体系、人等要素有机组合而发生深刻变革；流程体系、制度建设、集团管控等管理概念在新技术、数字化的趋势面前即将发生深刻的变化；层级制、管控型的组织范式将让位于扁平化、自主决策的新型组织范式；超大规模的企业组织管理挑战将因内部生态化、动态组织而大大简化流程；信息技术的高度应用将大大提升自主决策的效率，从而实现一种更高效、智慧的企业组织形态和管理模式。

6.8 SAS 方法模型

SAS 模型即感知（See）-分析（Analyze）-洞察（Sight）模型。应用该模型可以帮助企业建立核心业务的智慧能力。SAS 模型如图 6-6 所示。

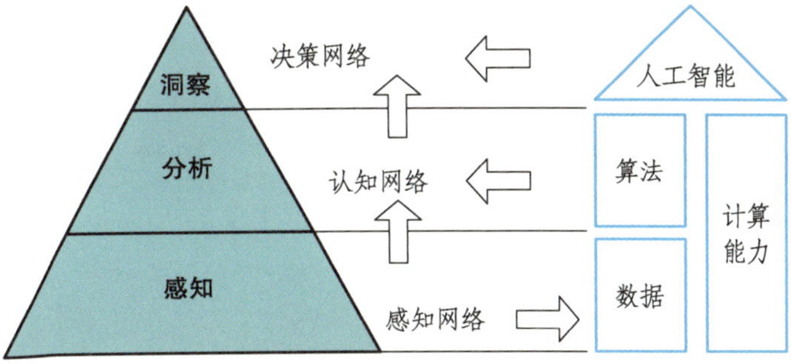

图 6-6 SAS 模型

SAS 模型的感知、分析、洞察是智慧的三个层次。感知产生数据，运用算法对数据进行分析，依赖于智慧的基础设施的计算能力，产生人工智能，帮助企业提高洞察，优化决策选择。应用 SAS 模型建立起智慧企业的感知网络、认知网络和决策网络，最终实现管理决策的自动化。

6.9 智慧云脑工程

智慧云脑工程是设计智慧企业蓝图的一种实践方法。智慧企业的蓝图是描述企业这个系统所有组成要素进行智慧改造的设计图纸。通过智慧云脑工程，遍历企业价值网络中每一条价值链、决策网络的每一个决策链条、流程体系中的每一个业务环节、生产系统中的每一条流水线、产品服务体系中的每一个产品和服务，运用SAS模型进行智慧基因的改造，赋予企业每一个要素智慧的能力，从而达到整体智慧。

智慧云脑工程包含三个阶段：

（1）传统业务输入：将不具备智慧能力的业务统称为传统业务。

按照某种维度梳理企业的传统业务，建立详细的传统业务蓝图，这里的业务蓝图不仅是业务管理的蓝图，而且涵盖企业决策、运营、管理和生产过程的所有业务。至少有两种维度可以参考，对于传统行业的大型央企而言，可从职能的维度进行梳理；对于职能比较灵活的其他行业，按照企业价值链条进行梳理即可。在传统业务梳理完成后，输入智慧云脑工程的“进料漏斗”。智慧云脑工程如图6-7所示。

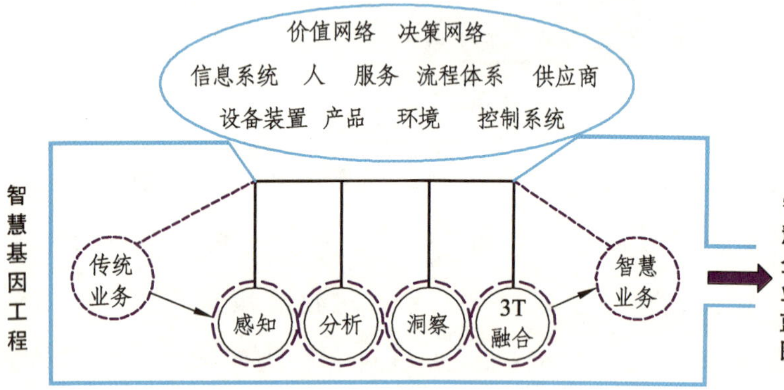

图 6-7 智慧云脑工程

（2）云脑工程建设：传统业务通过“进料漏斗”进来后，对于每一个传统业务点，运用 SAS 模型即可进行智慧基因改造。

建立该业务感知的能力，能够建立感知网络，制定业务的数字化方法和技术，明确数据的获取源头和关系；建立该业务分析的能力，能够建立分析模型，以及和其他业务点的网络关系，数字化该网络关系，设计数据和分析模型的应用关系，分析能力是最核心的能力；建立该业务洞察的能力，判断该业务是否属于整体决策网络的关键因子，设计该业务的关键绩效指标和风险阈值。在基因工程改造过程中，每一个业务的基因改造均是一次“3T”的融合，同时在业务点的智慧改造过程中，也是一个系统重塑的过程。建立智慧企业系统的感知网络、分析网络和决策网络。

（3）智慧业务输出：在基因工程改造完成后，输出智慧企业的蓝图，企业可以按照蓝图的设计，开展智慧企业建设，逐步实现生产力自动化和管理自动化。

6.10 智慧检修策略

水电站根据状态在线监测系统数据，预测机组存在异常状态或异常趋势时，针对其原因、部位和危害程度进行分析判断，并确定对机组采取检修或其他预防措施的方法。当进行检修决策时，应综合考虑人员安排、检修器具、备品备件、水情、电力市场需要等多方面的因素，综合分析论证安全可靠性和经济效益性，进而制定最佳的检修策略，确定检修项目、内容和规模。在检修策略制定的过程中，可以充分利用检修仿真系统对检修过程中的工序、技术以及拆装方案进行模拟，从而制定出更加合理的检修策略。智慧检修系统架构图如图 6-8 所示。

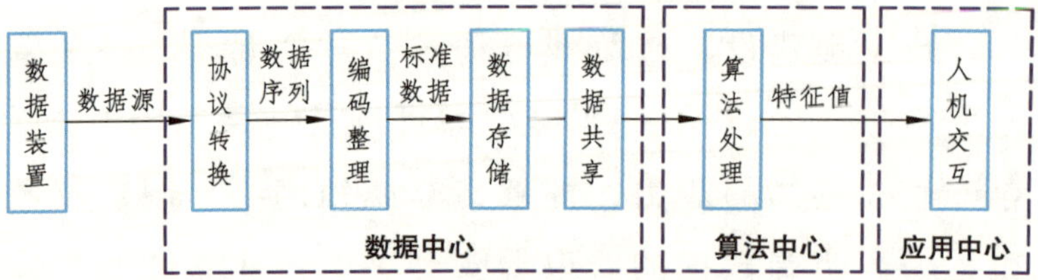

图 6-8　智慧检修系统架构图

（1）设备状态诊断评价系统。作为发电设备智慧检修的一个重要技术支持，设备状态诊断评价系统包括大型在线监测诊断系统和便携式监测诊断仪。该系统的主要作用是对设备的运行状态、运行参数进行监测和分析。通过历史大数据构架大数据模型，并通过云计算对大数据进行挖掘和分析，最终得出故障诊断结论。

（2）检修决策系统。检修决策系统帮助管理人员根据诊断结果选择检修方式，对检修费用、效益进行评估，提供检修决策支持，把设备状态诊断评价系统的生产管理系统连接起来。由于决策中许多不确定性因素的影响，自学习是检测决策系统的重要功能。

（3）生产管理系统。生产管理系统实现对设备的动态、静态管理和检修过程管理，它包括数据综合管理、缺陷管理、人力物力管理、检修工作管理、工作票管理、检修进展跟踪管理、检修效果评定和工程验收管理等。

（4）数据中心。即数据图书馆，具有数据采集、编码、存储、共享等功能，如图 6-9 所示。

（5）算法中心。它是数据中心的协处理器，采用流式算法，对来自数据中心的采集数据进行在线加工和计算，形成多种计算参数后写入数据中心，是量化技术的实现载体，如图 6-10 所示。

采用流式算法，在线实时运行。内置算法配置和管理，可配置多个独立运行的算法模块。输入数据来源于数据中心，由算法引擎统一读取，再分发给各算法模块，避免数据重复调用，降低数据中心负荷。

计算结果汇总存入数据中心，利用数据中心的数据共享功能，供应用程序使用。

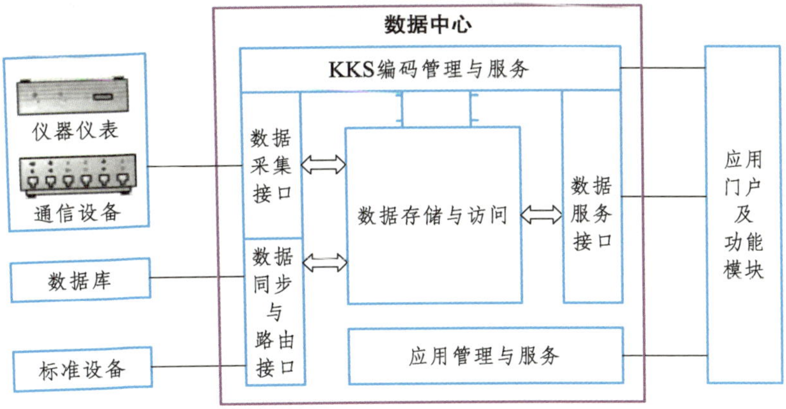

图 6-9　数据中心框图

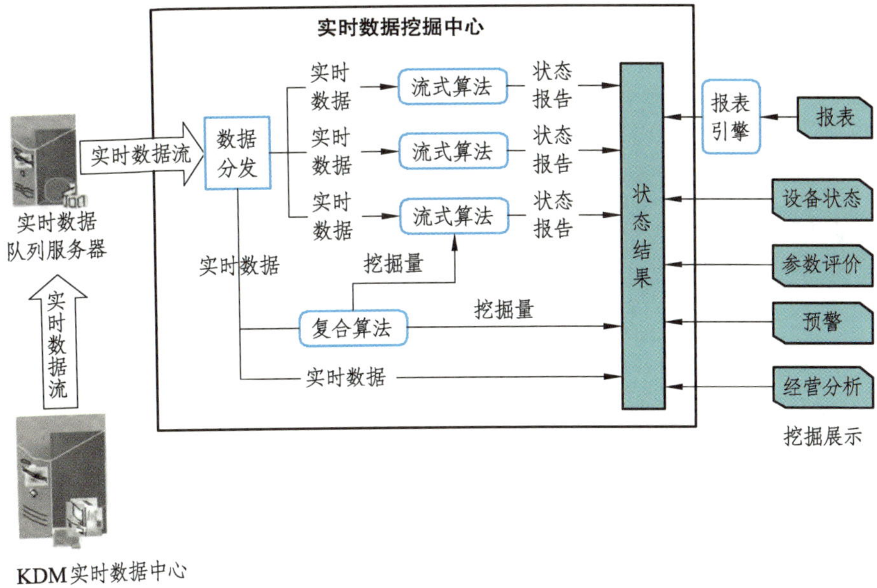

图 6-10　算法中心框图

实时数据是自动化系统不断生成的数据，如同水流一样连绵不断，要捕捉“流动”数据中携带的信息，需要连续不断地对数据进行计算，及时获取特征数据，这种计算方法称为“流式计算”。与传统的基于存储数据的挖掘算法相比，流式计算具备很强的实时性，可进行模块化分解和组合，具有普遍的工程意义，已被广泛地应用于多种大数据实时分析系统中，如图 6-11、图 6-12 所示。

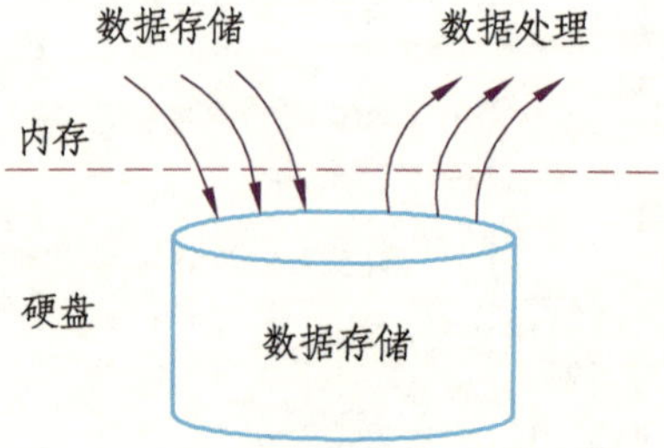

图 6-11　基于存储数据的挖掘计算

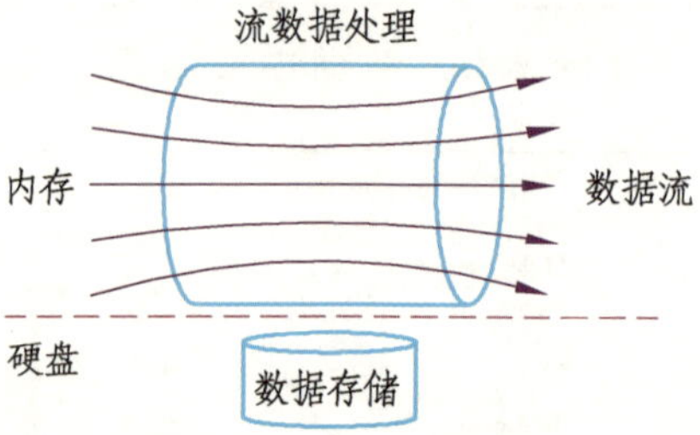

图 6-12　基于时间序列的流式计算

平台系统提供“流式算法引擎”组织流式算法，使用者可以组态配置算法引擎实现各种流式算法。算法引擎包括如下功能：

（1）内设多种工业算法元。

（2）多个算法元可以组态配置为流算法模块。

（3）优化调度多个算法模块的同步运行。

（4）内嵌对数据中心的读写操作。

模型算法主要包含机器学习算法、状态回归算法、多因子分析算法、多维降维算法等。

（1）多因子分析算法：将设备运行状态预测的多个因素（算法中称为因子）实时采集到缓存服务器，通过对这些多个因子的分布式并行分析，得出每个因子的状态。

（2）多因子降维算法：将设备运行状态预测的多个因素实时采集到缓存服务器，首先对这多个因子进行多因子分析算法，得出多维参数因子状态，再通过降维算法将多维缩减，实现最终状态回归。

（3）多因子状态回归算法：此算法主要结合多因子降维算法完成多因子状态回归。

（4）故障特征值学习：此学习算法主要提高设备预警的准确性，通过历史数据中故障数据的学习，获取设备发生故障的特征，抽取特征值支撑多因子算法的准确度。

（5）时间序列：此算法主要是预测未来设备的运行情况，加入时间序列为提前预知未来提供了可能。

KKM 算法平台可以完成多种负载的计算任务，用于在线加工计算各种特征量和指标量，是实施数据挖掘的核心部件，其功能特点如下：

（1）采用流式算法，在线实时运行。

（2）内置可视化算法配置和管理，可以配置多个独立运行的算法模块。

（3）输入数据来源于数据平台，由算法引擎统一读取，再分发给各算法模块，避免数据重复调用，降低数据中心负荷。

（4）计算结果汇总存入数据平台，利用数据平台的数据共享功能，供应用程序使用。

算法引擎部署在服务器中，对集成的各种监测参数进行在线算法加工和处理，形成各种中间计算量、故障指标等供应用程序展示和交互。

应用中心即应用商店，采用开放式架构，管理和发布应用程序。算法挖掘示意图如图 6-13 所示。

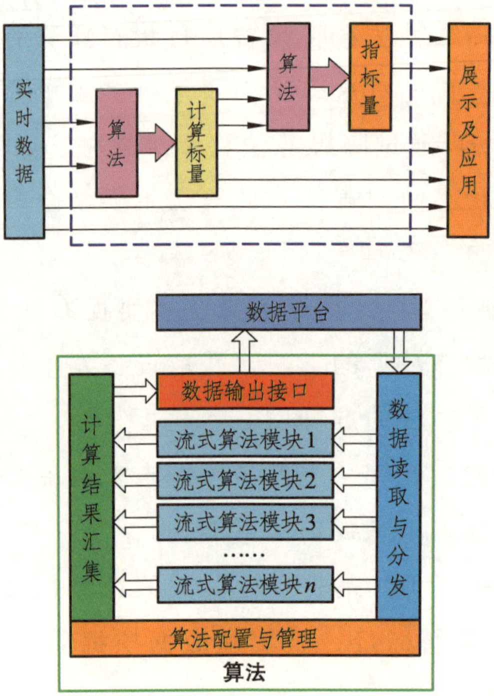

图 6-13　算法挖掘示意图

各种监测装置统称为智慧检修的数据源；数据源通过通信协议转换后形成可供平台应用的数据序列；数据序列通过清洗、整理和编码后成为标准化的数据，存入数据库，通过同步、路由及调用服务实现共享。算法处理可将共享的测量数据抽取、加工形成特征数据，特征数据有明确的功能意义，可通过计算机、移动终端、报表等人机交互手段发布和展示形成应用价值。

1. 移动端业务功能

移动检修应用是水电智慧检修管理中心的特色应用模块，其将 PC 应用的核心功能添加到移动端，让智慧检修中心的特色服务不受地域限制，在任何地方均可请求服务和提供服务，做到服务真正的网络化、实时化和高效化。移动检修应用功能架构如图 6-14 所示。

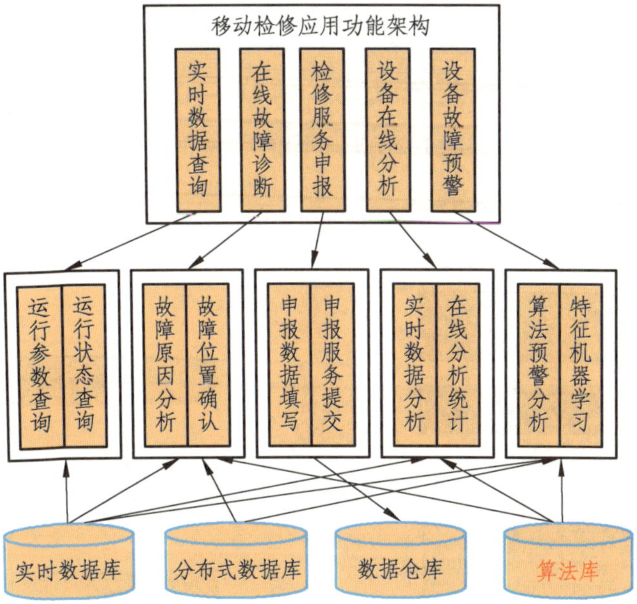

图 6-14　移动检修应用功能架构图

2. 智慧检修管理中心业务大厅

智慧检修管理中心需要 24 小时值班，需要对外部水电站开展业务的形象展示窗口，因此，需要再建设智慧检修管理中心业务大厅。

智慧检修管理中心业务大厅通过接入各个电站设备的在线监测和智慧诊断数据，将接入的各电站设备运行健康状况在大屏上实时展示，并通过 24 小时值班制度完成多电站设备监控事件的及时响应处理。

智慧检修管理中心业务大厅同时也作为对外部水电站业务的窗口，起到形象展示、业务接洽、日常业务开展的作用。

3. 运营模式

智慧检修管理中心提供在线监测、在线故障诊断等“互联网＋”的智慧检修服务，大大缩短了检修时间，提高了检修的准度和精度，从而使检修的成本降低，检修的质量大大提高。通过提供一系列的互联网＋智慧检修的服务实现对各流域的机组的代维，增加检修公司的业务量，从而增加业务收入。检修中心的盈利模式为工业领域专业的维保服务模式，通过互联网和大数据的手段，让专业维保变得更加高效可靠，成本更低。

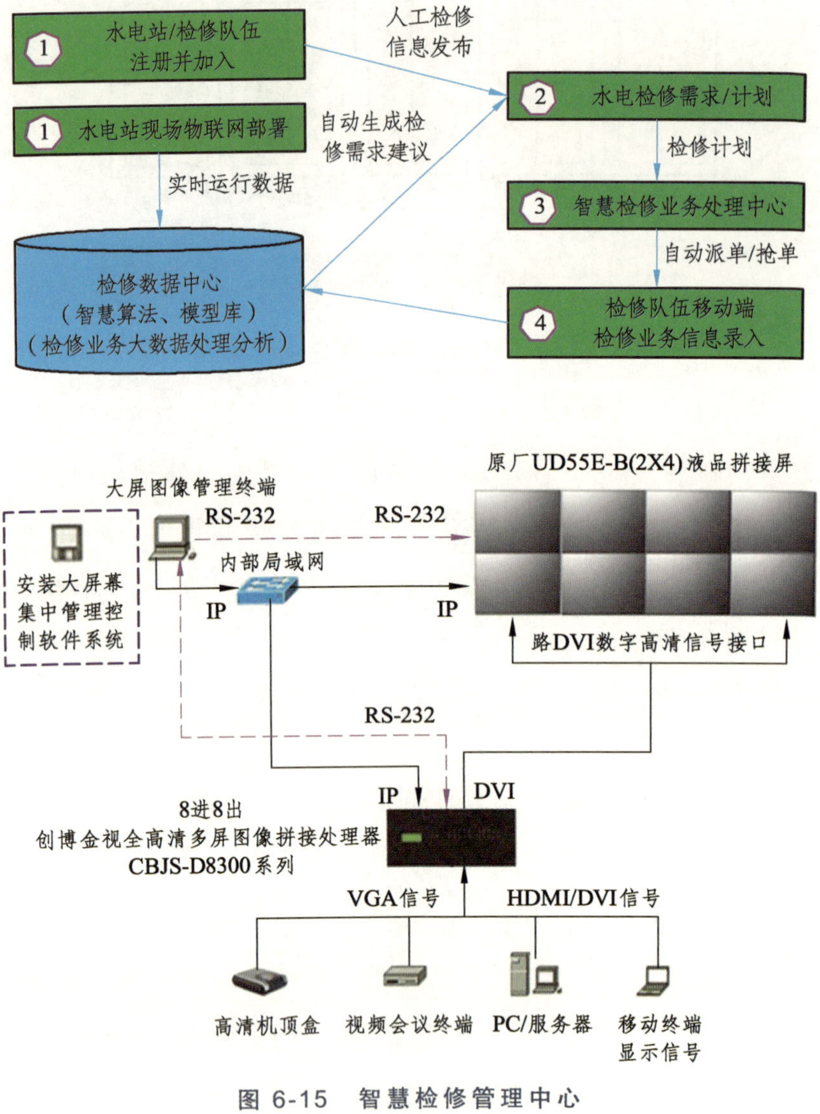

图 6-15　智慧检修管理中心

6.11　新一代智慧运维平台：bluebee® X 云计算平台介绍

新一代 bluebee® X 云计算平台将多年的实践经验融合到最新技术及物联网应用，并以移动智能为驱动的前瞻性平台，是喜科团队在上海研发实验室自主研发的新一代智慧运维云计算平台，初次发布于 2008 年。该平台涵盖了与其前身相同的智慧运维解决方案、工业风险管理和资产管理功能，旨在帮助不同规模的企业落实 ISO 55000 资产管理标准，作为“工业 4.0”平台，bluebee®X 云计算平台可帮助企业通过移动端和物联设备收集的真实数据落实风险防范工作。其配套的移动端产品，以“移动智能，人与未来”作为研发理念的 bluebee®X 移动解决方案可通过真实的实地数据记录保障企业落实运维最佳实践，可实现与 BIM 三维模型、GIS 地理信息系统及物联网的集成。凭借面向服务的体系结构（SOA），bluebee®X 还可实现与喜科 Coswin 8i 系统及企业现有 IT 基础设施的无缝集成。

第 7 章 智慧检修的评价体系

7.1 技术成熟度评估方法发展与应用

NASA 最早将独立的技术评估思想引入航天领域项目管理中，并于 20 世纪 70 年代末提出技术成熟度等级（Technology Readiness Level，TRL）概念。TRL 是指单项技术或技术系统（包括技术、部件或子系统）在研发过程所达到的一般性可用程度技术或技术系统的成熟水平，NASA 最初提出的 TRL 为 7 级，后来改进为 9 级，覆盖了概念论证、技术研究、生产制造和上市销售的整个技术周期。TRL 评估方法经历 30 多年的发展历程，应用领域不断拓展，并迅速发展成为美军武器装备采办管理的顶层要求，包括合同管理、资源分配、经费预算、绩效管理及成果评估等方面作为强制性或推荐要求实施。在评估工具开发方面，2003 年美国空军研究实验室（Air Forces Research Laboratory，AFRL）开发了第一个 TRL 计算工具，到 2009 年美国国土安全部科学技术理事会在 AFRL 计算工具 2.2 版本的基础上开发了 Technology Readiness Level Calculator Verl.1 版本。技术成熟度评估，是一种基于技术发展成熟规律、采用标准化度量等级对技术进行成熟度评估的系统化过程和程序，是一种较好的装备采办管理工具，通过应用技术成熟度评估方法中具体的判定细则体系，对新技术进行标准化等级度量，便于相关人员对研发项目进行微观管理，符合科研和装备建设管理的精细化要求，从而降低进度、性能和成本等方面的研发风险。

评估系统设计以满足辅助用户技术成熟度评估工作需求为目标，采用国外成熟的技术成熟度评估模型，结合计算机自动化技术和软件项目管理规范，要求软件操作简便易用，评估流程规范高效，并实现知识的积累和友好的人机界面。评估系统采用多用户角色模块化设计、硬件分布式和软件交互式设计架构，实现评估规则制定人员与评估人员“背对背”，以及多站位数据共享集成评估的“专家集成研讨式”的评估需要，便于评估过程的规范管理、后期维护和用户使用需求的不断变更，并提高系统软件可靠性。评估系统设计覆盖技术成熟度评估的主要功能，包括 TRL 评估细则制定与维护、关键技术元素（Critical Technology Element，CTE）判定规则管理、项目工作分解结构（Work Breakdown Structure，WBS）编制与管理、CTE 筛选、技术成熟度等级判定、判定辅助信息管理、用户帮助信息自助维护等。评估系统设计还需考虑到尽量减轻使用人员的负担，应包括 WBS 图形化显示、评估文档自动生成、评估结果图形展示等功能，评估数据应有良好的交互性与安全性，兼容于网内集成评估环境与网外单机评估环境，数据便于备份、导入及导出。评估系统应有较好的知识管理能力，所有技术成熟度判定信息、附件均集中存放于服务器中管理，便于共享、保存及传递。评估系统采用 C/S 架构和面向对象的编程方法，使用 Java SWING 进行实现；采用大容量商用数据库作为后台数据存储，确保用户数据安全、稳定、可靠。为便于系统使用、开发和维护以及知识积累，系统采用两层架构，可由多个客户端联机合作或单客户端独立完成某项评估工作。客户端安装 Java 环境并部署技术成熟度软件系统，服务器端部署关系型数据库软件，系统提供规范接口，便于相关系统软件的集成与二次开发；引入 JGRAGHJTEXT 等技术实现 WBS 图动态输出与 Word 文档生成等功能。

评估系统流程结构如图 7-1 所示。

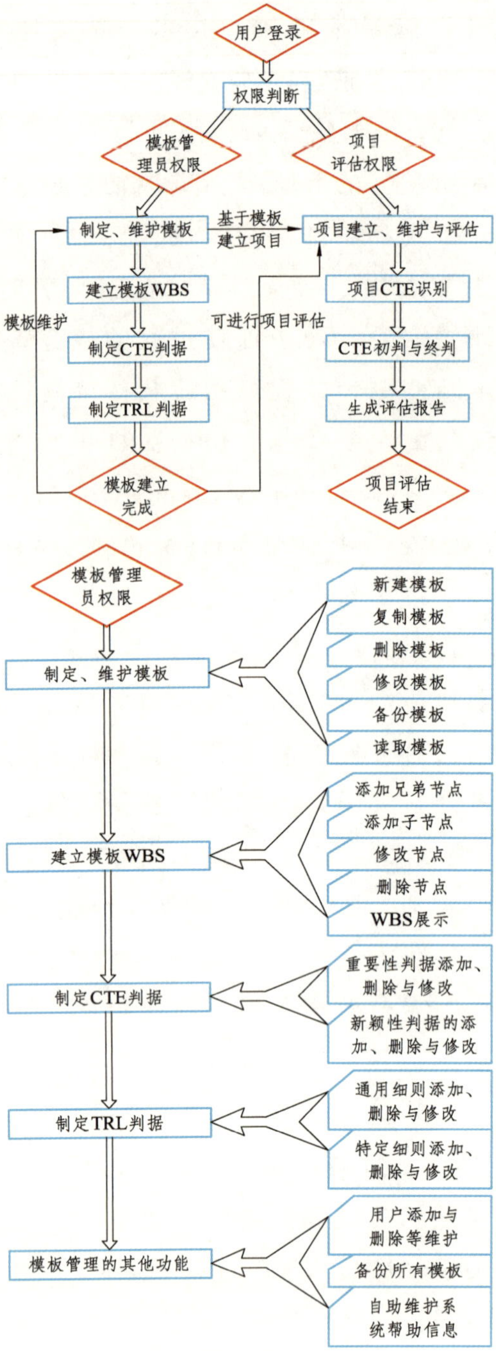

图 7-1 评估系统流程结构

7.2　基于 TRL 的智慧检修技术成熟度评估

技术成熟度的评估对指导技术改良以推动水电站机组智慧检修发展具有重要意义。从技术性能、技术的经济价值和技术的社会与环境影响三个方面构建智慧检修相关技术成熟度的评估指标体系及方法。评估结果不仅能够给出技术发展的成熟水平，还能够给出技术发展的优势与短板，有助于明确未来技术改良方向。

为了能准确有效地反映被评估技术的成熟度，在建立水电站机组智慧检修技术成熟度评估指标体系过程中，应遵循以下基本原则：

（1）系统性原则，即指标体系能够对技术进行多角度完整评估，能够准确反映该技术的发展情况。

（2）通用性原则，即指标体系能够对水电站机组智慧检修所涵盖的大部分技术进行有效评估。

（3）客观性原则，即指标选择明确，评估结果可信。

（4）可获得原则，即指标设置应避免发生难以获取的状况。

（5）可量化原则，即指标应该尽可能选择为量化指标，抽象指标应给出具体的量化方法。

在指标体系构建工作中，首先需要确定核心指标。核心指标的选取应在如实反映技术发展情况的前提下，突出水电站机组智慧检修技术发展的特点，且可方便进行计算。而后，在核心指标确定的基础上，通过对指标的进一步分类，评估影响技术的关键因素，使得指标体系能够充分反映技术当前的发展状态。将水电站机组智慧检修技术成熟度综合评估指标体系的核心指标定位为技术性能、技术的经济价值和技术的社会与环境影响三方面。技术性能表征了技术的进化历程，而技术的经济价值和技术的社会与环境影响则从侧面凸显了技术带来的发展效益。其中，技术的经济价值和技术的社会与环境影响通过对相关影响因素的进一步分类，从而提炼得到更详细的下层指标，进一步评估得到结果；而技术性能则利用划分等级的方式进行评估。

7.3 特征值健康评价方法

以在线监测为基础对机组健康状况进行评价。采用数据挖掘技术,依据历史数据构建随环境参数自动调节的科学合理的健康阈值,避免人为设定阈值的局限性。国家能源集团大渡河公司全生命周期理念的水轮发电机组主设备实时在线监测系统挖掘建立了发电机轴心、上下导瓦均载、主轴弯曲等反映主机健康状态的44个特征指标,能够全面反映主机系统的健康状况。下面对发电机轴心健康特征指标举例如下:

发电机轴心健康特征指标为发电机转子中心线的实际回转半径。特征指标计算需要用到上导、下导、水导 X 向、Y 向摆度测点的波形数据,计算过程如下:

第一步:以上导、下导、水导三部导轴承处摆度波形数据建立空间模型模板,计算摆度影响量。

第二步:通过模型计算出摆度影响量的特征值输出。

第三步:根据数据挖掘方法确定特征值的健康范围和预警级别。

第四步:对从模型中提取出来的特征值进行报警判定后形成指标。

故障诊断机理如图7-2所示。

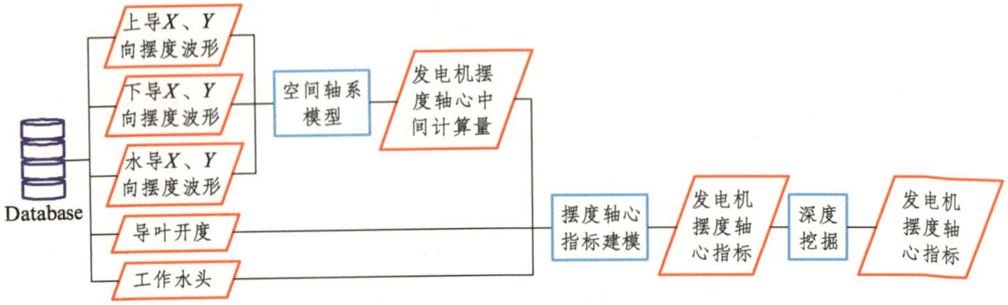

图7-2 故障诊断机理

对于长期连续运行设备来说,出现设备故障问题大多数是一个缓慢的劣化过程。在劣化早期阶段,状态参数变化较小,不足以越限触发报警,无法满足故障提前预警的要求。还有部分指标量会随着时间、工况、环境的不同而出现不同的结果。比如机组振动，在夏天和冬天，监测值则不完全一样，由于两个季节冷却水温度不同，引起油温不同，进而导致钢结构体的热胀冷缩效应，从而发生振动的变化，或导致在最大振幅下，甚至要重新调节瓦隙，或者做水轮机组动平衡试验。传统监测手段无法做到智能实时监测和提前预警，而利用状态监测和故障诊断技术捕捉故障征兆，则能做到早期预测和防范故障。

机组设备缺陷因为数据互通及发电企业管理理念的影响，难以或无法收集完整的缺陷样本，区别于下围棋，可以反复提供模拟实践机会，也有别于人体药用疗效试验，可以找小白鼠进行试验或征集试验的职业人，机组设备没有机会去尝试或者多次试验。因此，急需引进先进技术完成对设备的预警预测。

智慧检修把水轮发电机组监测量的数值按一定的时间间隔排列即可得到该特征量数值的时间序列，引入时间序列分解模型，分析并区分影响特征量数值变化的因素，分别分析其对时间序列变动的规律，以揭示因机组潜在故障引起的长期趋势变化规律，可预测其未来发展趋势。如图 7-3 所示为国家能源集团大渡河公司枕头坝水电站水轮机健康度趋势分析预测。

图 7-3　枕头坝水电站水轮机健康度趋势分析预测

第8章 国能大渡河流域水电站设备维修技术创新发展未来目标

国能大渡河检修安装有限公司“十四五”期间的规划应以智慧检修建设为牵引，不断强化科技创新，做好顶层设计，增强核心竞争力。积极参与行业智慧检修标准编制，完成《水电企业智慧检修与管理》专著编写；加强智慧检修平台打造，推进智慧检修运行中心建设，加强数据管控及处理能力，根据电站实际情况升级智慧检修系统功能，提升智慧检修诊断平台的，实现智慧检修平台“走出去”；加强科学科研，抓好新科技、新发明的吸收及应用，提升公司技术人才的培养。具体目标如下：

“十四五”期间研发2种适用于大渡河流域水电站过流部件的高抗磨材料；大渡河流域电站关键部件监测覆盖率达91%；建立设备诊断及趋势预警模型180个；搭建机组实时状态评估及全生命周期预测系统；实现流域检修项目线上过程管控100%覆盖率，为远期实现最优检修决策自动生成，人力资源、物资智能调配，检修过程标准化等提供基础；加大水电站维护检修先进装备的采购及使用，提升大型水轮发电机组A/B级检修能力和大型水轮发电机组增容改造技术能力，提升500 kV GIS和IPB设备检修、试验、改造和重大缺陷处理能力，使检修公司水利水电工程总承包和水利水电机电设备专业承包等级提升。通过《水电站智慧检修的探索与实践》专著出版、获取行业及以上奖励、获得授权专利、发表论文；通过各类技能提升和人才培养，全面打造全国电力行业领军人才和技术能手，打造四川省电力行业技术能手、“双高”人才等，进一步提升公司中高级人才的比例。

但国能大渡河检修安装有限公司检修公司目前仍存在以下痛点和必须要解决问题：

检修公司目前高端人才及在行业中具有较深影响的人才比较匮乏，要引领国内水电设备智慧检修，必须要打造一支科技创新团队。

联合国内相关高校，成立产学研用联盟，建立创新机制，联合申报国家或省部级的科研项目，创建高水平的科研平台和联合实验室。

目前，国能大渡河检修安装有限公司获得的国家及省部级的奖项较少，在“十四五”期间，必须要有标志性的科研奖项；形成一批发明和实用新型专利，发表 SCI 收录论文，出版行业技术标准等，提高公司在行业中的影响力。

国能大渡河检修安装有限公司必须在“十四五”期间加大科技创新投入经费。

参考文献

[1] 李林，侯远航，郑建民，等. 基于全生命周期的水电站智慧检修创新实践[J]. 水电站机电技术，2019，42（12）：31-34，101.

[2] 万晟，刘学山，徐斌，等. 基于三维仿真技术的智慧水电厂应用研究[J]. 水电站机电技术，2018，41（04）：6-9，48.

[3] 范海东. 基于数字孪生的智能电厂体系架构及系统部署研究[J]. 智能科学与技术学报，2019，1（03）：241-248.

[4] 刘艳丽，李晓君，齐文瑾，等. 基于 TRL 的智能电网技术成熟度评估[J]. 智能科学与技术学报，2017，29（03）：1-6.

[5] 欧阳昭连，周平，杜建，等. 基于 TRL 的我国先进医疗器械技术成熟度等级描述[J]. 中华医学科研管理杂志，2015，28（03）：217-221.

[6] 马明昭，郑震山，王夷，等. 基于 TRL 的航空装备技术成熟度评估系统设计与开发研究[J]. 复旦学报(自然科学版)，2014，53（05）：666-672.

[7] 杜传利. 物联网等新技术在现代化电站中的应用展望[J]. 四川水力发电，2010，29（06）：101-102，108.

[8] 涂扬举. 智慧企业——框架与实践[M]. 2 版. 北京：经济日报出版社，2018.

[9] 付旭云. 机队航空发动机维修规划及其关键技术研究[D]. 哈尔滨：哈尔滨工业大学，2010.

[10] 国能大渡河检修安装有限公司. 国能大渡河检修安装有限公司"十四五"科技发展规划[Z]. 2020.